건축으로 읽는 인문과 생활

건축으로 읽는 인문과 생활

이동기 저

동문사

머리말

특정한 나라의 역사를 돌아보는 것은 지나가 버린 과거의 역사를 기억하거나 특정한 시대를 단순하게 조사하는 것이 아니라, 인류의 지나온 발자취를 돌아보고 미래의 시대에 같은 형태로 나타나리라고 예견되는 하나의 패턴을 가늠하기 위해서이다. 특히 건축의 역사는 시대별 양식의 변천에 따라 탄생한 건축물에만 제한되지 않고, 사회적, 경제적, 문화적, 기술적 상황 등의 시대 배경이 총체적으로 융합되어 인간의 삶과 함께 종합적으로 고찰할 필요가 있다.

건축은 역사적으로 인간의 3대 필수요소인 주거목적 그 이상으로 인간에게 중요한 의미를 부여하고 있다. 우리는 건축을 통해서 당대 사회의 시각과 인식을 가늠해보고, 사람들이 지내온 삶을 들여다볼 수 있다.

과거에는 건축이 한 나라의 번영과 왕의 권위를 표출하는 중요한 행위였고, 중세시대에는 글을 읽을 줄 모르는 사람들을 위해 건축물 내부의 돌에 그림을 새겨놓아 백과사전 역할을 담당할 정도로 시민들의 공동체 생활의 중심체 역할을 하기도 하였다. 신앙심을 고취시키기 위해 지어진 중세시대의 대표적 건축물인 성당은 국가들의 경쟁의 산물이었는데, 더 크고 높은 건물로 우월감을 확보하기 위해 국가와 시민의 역량을 수십 년 동안 집결한 결과물이기도 했다.

17세기 바로크시대에는 종교 개혁 이후 실추된 자존심을 회복하고픈 로마 카톨릭의 열정이 웅장한 건물과 그림으로 등장한다. 18세기에 시작된 신고전주의는 혁명이라는 시대적 상황을 겪으며 계몽주의에 사상적 기반을 두었고, 인간을 이성적 존재로 확신했으며, 신고전주의 건축은 인간의 합리적 판단이 더 좋은 세상을 만들 것이라는 신념을 담고 있었다. 신고전주의 미술에서의 인간은 늘 영웅적이고 혁명은 승리를 향해 나아갔다.

19세기 중반 산업혁명으로 요동친 유럽의 대도시에는 공장이 들어서고 많은 이들이 일자리를 찾아 도시로 몰려들었다. 농촌과 도시의 공간적 위계와 자본가와 노동자의 계급적 분화도 촉진되었다. 19세기 예술가들은 빠르게 변하고 있는 근대 도시의 삶을 캠퍼스에 담기 시작했고, 이는 인상주의 미술을 탄생시켰다.

건축술에는 당대의 사회가 이룩한 기술이 담겨 있고, 건축양식에는 미학(美學, aesthetics)이, 건축문화에서는 당대의 사회를 읽을 수 있기에, 우리는 건축 역사를 통해 각 시대의 인간의 삶과 시대의 정황을 자세히 들여다 볼 수 있다. 건축이란 독자적으로 발전하는 것이 아니라 사회적 통합 행위이자 예술로서 정치적, 종교적, 문화적 그리고 예술적 사건들의 영향을 받으면서 전개되고 발전되어 왔기 때문이다. 이처럼 건축과 역사를 통해 건축에 대한 이해와 안목을 키울 수 있을 뿐 아니라, 현재의 시각에서 과거를 돌아봄으로써, 과거와 현재가 어떻게 연관되어 있는지를 이해하고, 우리가 현재 처한 여러 가지 문제들에 대한 해결책과 통찰력을 키울 수 있을 것이다.

이 책은 유럽을 시대적으로 구분하였고, 각 장에서는 먼저 일반역사와 시대적 형성 배경 등을 개괄적으로 기술한 후 각 시기의 건축을 대표하는 건축물을 각 유형별로 기술하였다. 과거의 건축물은 수없이 많지만 저서에 포함된 건축물은 역사적으로 사회적 가치와 상징성 그리고 건축적으로 재료 및 구조의 혁신적 기법, 공간 및 형태의 독창성 등을 고려하여 선정된 것이다. 시대별 주요 건물과 예술품, 역사적 주요 전쟁과 혁명, 주요 인물만을 다루는 메마른 성격의 연대기적 서술을 피하고자 이 책은 역사적 건축과 예술을 인문학적 관점에서 보고자 했다. 인간의 삶을 다루는 문화는 가장 폭넓고 다양한 역사적 현장을 보여 줄 수 있기 때문일 것이다.

방대한 내용의 유럽건축 역사를 한 권에 담기에는 한계가 있을 수 있기에 앞으로 계속 보완하고 수정할 필요가 있으며, 이 책을 통해 건축을 통해 인간의 삶을 바라보고, 미래를 위한 시각과 생각을 키워나가는 데 많은 도움이 되기를 바라는 마음이다.

2020년 2월
저 자

차 례

VII 바로크 시대

VIII 신고전주의

IX 절충·역사주의

X 근대 도시의 탄생

XI 19세기 유토피아

XII 19세기 인상파

I. 그리스 시대 & 건축

■ 크레타 섬에서 시작된 유럽의 역사

그리스 남쪽에 위치한 크레타 섬은 지중해 해운 항로의 교차점이었다. 덕분에 유럽에서는 가장 먼저 이집트와 메소포타미아의 선진문명이 전해졌는데, 기원전 2600년 무렵부터 찬란한 청동기 문명이 시작되었다. 이 문명은 크레타 왕 미노스의 이름을 따라 미노아 문명이라 불린다. 미케네 문명은 기원전 2000년경부터 크레타 섬의 화산 폭발로 인해 갑작스레 종말을 맞이한 1500년경까지 번성했는데, 현재까지 남아있는 크노소스 왕궁의 유적을 통해 당시 미노아 문명을 엿볼 수 있다.

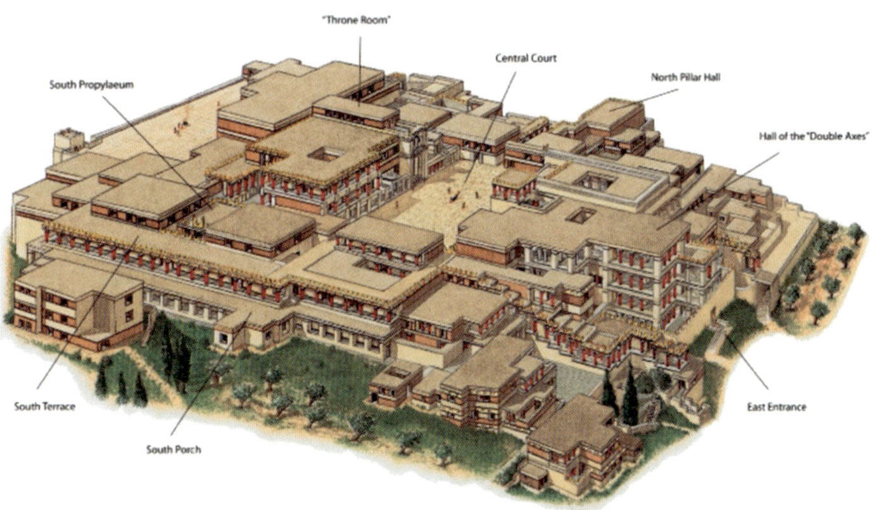

미케네 왕국 크노소스 궁전

크레타왕궁의 유적

기원전 2000년쯤부터는 인도유럽어족이 주축을 이루는 미케네인들이 그리스 본토에 이주하면서 미케네와 펠로폰네소스 반도 동부해안 도시들에서 또 다른 청동기 문명이 발달하였다. 예술과 문화가 발달했던 미노아 문명과는 달리 미케네인들은 무겁고 큰 돌로 성벽을 쌓는 등 군사요새들을 축조했다. 이들은 기원전 15세기 중엽 이후 에게해의 패권을 장악했는데, 그리스 신화에 등장하는 영웅들이 활동하던 시대가 바로 이 미케네 문명이 한창 꽃피던 시대(BC 1600~1100)이다. 미케네인들은 호전적이었고, 호메로스가 전하는 트로이전쟁 신화도 지중해를 중심으로 활동한 미케네인들을 소재로 한 것이었다.

기원전 1100년쯤부터는 원인을 알 수 없는 이유로 화려했던 청동기 시대는 막을 내리고 극도의 혼란기가 시작한다. 그리스 북쪽으로부터 도리아인들이 남하하면서 폭력적인 파괴와 약탈이 이루어졌다. 청동기 시대에 사용하던 선형문자와 같은 문명이 붕괴되었고, 문자를 모르는 호전적인 야만인들에 의해 지배되는 암흑시대에 들어선다.

도시국가의 발전

기원전 800년경 그리스에는 알파벳을 사용하는 새로운 문명이 싹트기 시작한다. 동방 문명이 수천 년 동안 이룬 성과물을 광범위하게 흡수하여 그리스만의 특성을 가미한 결과였다. 이 시기에 『일리아스』와 『오디세이아』 같은 작품들이 나오면서 그리스는 눈부시게 발전한다. 에게해를 비롯한 동부 지중해의 해상권을 장악한 그리스인들은 흑해에서 바르셀로나에 이르기까지 전 지중해에 걸쳐 식민지를 개척하기 시작하였다. 그러나 가장 중요한 변화는 도시국가의 출현이었다. 부족 집단에 기반을 둔 촌락 공동체들이 더 큰 정치적 단위로 바뀌기 시작했는데, 교역이 늘고 외부 침략에 대한 방위의 필요성이 증대하자 도시들이 시장과 방어 요새를 공동체 전체의 정부 소재지로 삼아 성장했다. 제한된 크기의 도시국가는 그 자체가 완벽한 정치, 경제, 사회, 문화의 중심이었으며, 그 지역 모든 주민에게 시민권이 주어졌다. 자유와 질서 사이에 가장 바람직스러운 조화를 가능하게 하고, 개개인의 중요성도 인정해주는 등 그리스의 위대한 가치관과 문명을 이루는 데 결정적인 역할을 한다. 이러한 도시국가들은 크기와 인구면에서 다양하게 발전했는데, 펠로폰네소스 반도에 위치한 스파르타는 면적이 3,000평방 마일 이상이었고, 그리스 본토의 아테네는 1,060평방 마일이었다. 두 도시국가의 인구는 전성기에 약 40만 명에 달했는데, 크기와 인구면에서 다른 도시국가에 비해 월등했다. 문화의 발전적 측면에서는 매우 다양했는데, 기원전 800년에서 500년까지는 코린토스와 아르고스가 문학과 예술의 발전을 주도하였고, 7세기에는 스파르타가 다른 도시들보다 앞서 발전했다.

소아시아 해안과 에게해 섬들에 위치했던 도시국가에서는 철학과 과학이 활짝 꽃피었다. 이러한 발전은 그리스뿐만 아니라 지중해 연안의 다른 지역에도 영향

아테네시 전경

아크로폴리스 복원도

을 끼쳤다. 그리스는 산이 많고 토지가 적어 늘어나는 인구를 수용하기에 한계에 봉착하자 적극적으로 해외 식민지를 건설한다. 에게해의 해안에서 이탈리아와 시칠리아까지 식민지 건설을 통한 그리스인의 이주가 시작되고, 이집트 해안과 동방의 바빌론에 이르기까지 교역중심지를 건설했다. 그리스의 식민지는 근대 자본주의의 식민 침략과는 차이가 있어서, 자국과의 관계에 있어서 독립적이고 평등한 관계를 유지하면서 그리스의 상업, 경제 발전을 촉진했다. 이러한 식민지 팽창은 총 139개의 도시국가를 건립하는 결과를 낳았고, 상공업이 주요 산업이 되면서 부를 축적한 계층이 출현했다. 주로 평민들로 구성되어 있었던 이 계층의 출현은 평민과 귀족 간의 투쟁을 몰고 왔고, 평민이 투쟁에서 승리를 거두기도 했는데, 이는 그리스에서 민주주의가 자생할 수 있었던 원인 중 하나가 되었다. 점차 평민과 귀족 간의 대립투쟁이 깊어지면서 그리스 도시국가에 '참주 정치'가 출현한다. 참주는 정변을 통해 국가 권력을 탈취하는 독재자로 그 지위는 군주와 비슷했다. 참주는 평민의 지지를 얻고, 통치 기반을 공고히 하기 위해 보통 씨족귀족들을 공격하고, 상공업과 노예주들을 보호했으며, 하층민들의 경제를 개선하는 정책을 폈다. 그리스는 향후 이런 정치체제와 소규모 도시국가들이 공존하는 상태가 유지되면서 고대 세계에서 개인의 권리가 가장 발달한 민주정치가 가능한 나라로 발전했다.

스파르타의 군국주의

그리스의 수많은 도시국가 중에서 스파르타와 아테네는 중요한 위치를 차지하고 있다. 기원전 8세기경 그리스로 남하한 도리아인은 펠로폰네소스 반도에 정착한 후 도시국가를 형성하였는데, 이것이 스파르타의 탄생 배경이다. 스파르타는 다른 도시국가들의 정치 발전 양상과는 다른 모습으로 나타났는데, 주변이 산맥으로 둘러싸였고, 좋은 항구를 갖지 못했기 때문에 외부 세계의 진보적 영향을 받을 기회가 거의 없었다. 또한 영토 서쪽에 자리 잡은 비옥한 메세니아 평원을 정복하기 위해 끊임없는 전쟁과 내란이 일어났으며, 이로 인해 스스로 두려움 속에 갇혀 살게 되었고, 외부와 단절한 채 시민 개개인에게는 엄격한 규율과 복종을 요구하였다. 외부와 지나친 폐쇄성은 스파르타의 문화적 후진성을 가져왔고, 다른 그리스의 도시국가와는 달리 민주정 방향으로 나아가는 데 실패하는 원인이 되었다. 스파르타 정부는 오늘날의 엘리트 독재와 비슷한 형태로 발전하게 되었다. 스파르타의 일반 시민들은 대부분의 인생을 가혹한 훈련을 감수하며 개인의 생활 없이 국가에 희생하며 지내야 했다. 스파르타는 역사상 그 예를 찾을 수 없을 정도로 군사력을 중시하고 학문을 경시했다. 유아들은 태어나자마자 건강을 시험받아야 했고, 허약한 유아들은 언덕에 내던져 죽도록 방치되었다. 남성들은 7세부터 군사훈련이 시작되어 20세에서 60세에 이르는 대부분의 시간을 국가를 위한 봉사에 바쳤다. 가정생활은 거의 할 수 없고 30세 이후에도 식사는 병영에서 해야만 했다. 문화적으로도 침체되어 어떤 업적 하나 남기지 못했다. 그러나 이런 비인간적인 제도가 그리스에서 가장 전투력이 강하고 규율이 엄격한 군대를 탄생시켰고, 후에 펠로폰네소스 반도의 각 도시국가를 규합하여 동맹에 가입시킨 후 그리스 도시국가 중에서 막강한 지위를 차지하게 된다.

아테네는 스파르타와는 판이한 조건에서 역사를 시작하였다. 아테네가 자리잡았던 아티카에는 군사적인 침략도 없었고, 적대세력 간의 내분도 없었다. 더욱이 아티카의 자연조건은 비옥한 농업자원과 더불어 풍부한 지하자원 및 훌륭한 항구를 갖추고 있었다. 아테네는 활발한 상업과 도시 문화를 급속히 발전시켜 나갔다. 상업경제의 발달은 상공업 경영으로 부를 쌓은 계층을 출현시켰고, 평민들로 구성된 새로운 계층은 귀족들의 독재에 불만을 품게 되었다. 도시 중간계급은 가난한 농민을 지지하면서 정치적 자유를 요구하게 되었는데, 솔론의 개혁은 이런 움직임 속에서 탄생했다. 기원전 594년 솔론은 '집정관 겸 조정자'로 선출되어 다음과 같은 개혁을 시작했다. 첫째, 400인회(Council of Four Hundred)를 설립하여 여기에 중간계급의 참여를 허용했다. 둘째, 토지수입과 재산에 따라 공민을 4등급으로 나누었는데, 각자 서로 다른 정치적 권리를 갖고 있었다. 셋째, '세이삭테이아'를 반포하여 채무를 탕감시키고 부채노예제를 영원히 폐지했다. 넷째, 상공업 발전을 촉진할 일련의 법규들을 제정했다. 이러한 개혁을 거쳐 아테네는 노예제 민주정치와 노예제 상공업의 길을 걷게 된다. 아테네의 번영은 바로 이 솔론의 개혁을 기반으로 이룩한 것이다.

아테네 시민에게 연설하는 페리클레스

아테네 민주주의는 페리클레스(BC 461~429) 시대에 완성된다. 정부의 주요 기구를 구성하는 500인회의 제출 법안에 대한 비준 여부 결정권과 법안 발의권도 갖게 되었고, 오늘날 영국의 내각에 비견할 만한 지위를 확보했다. 1년 임기로 민회에서 선출되는 군사위원회 장군들은 국가 최고의 입법 및 행정관 역할을 겸할 수 있었다. 페리클레스는 최고 군사위원장 지위를 30년 이상이나 유지했다. 재판 관련법도 개정되어 모든 종류의 소송을 시민 법정에서 다루었는데, 매년 6000여 명의 시민이 아테네의 여러 지역에서 추첨으로 배심원으로 선출되었고 각 배심원단은 하나의 법정을 구성했으며, 소송에 관련된 모든 문제를 다수결로 결정할 권한을 지녔다. 그러나 아테네의 민주주의는 근대의 민주주의와는 차이가 있었다. 무엇보다도 여성을 전적으로 배제하고 시민계급에만 국한되어 있었다. 시민의 수는 전체 주민 중 소수에 불과했지만, 10인의 군사위원을 제외한 모든 행정관을 추첨으로 선발하고, 모든 공직의 임기를 1년으로 제한했으며, 재판에서까지 다수결의 원칙을 철저하게 고수했다는 것은, 현대국가에서도 찾아보기 힘들 정도로 시민의 정치 역량에 대한 확고한 믿음이 있었음을 보여 준다.

페르시아 전쟁과 아테네의 번영

마라톤전쟁의 승전을 전하는 병사

아테네의 영토가 최대로 팽창되고 국력이 성장하면서 중요한 전쟁을 치르게 되는데, 지중해 동부지역으로 영향력을 확충하려는 페르시아 제국과 전쟁을 벌이게 된다. 당시 페르시아는 소아시아 지역의 그리스인 도시들을 자주 침범하여 식민화하려 했고, 이에 분개한 주변 도시국가들은 아테네와 연합하여 페르시아의 침공에 대비했다. 페르시아의 강력한 육군은 기원전 490년 아테네 북동쪽 마라톤 평원에 상륙했다. 아테네 장수 밀티아데스의 지략으로 좌우 측면의 기습공격에 힘입어 아테네는 아무도 예상하지 못한 승리를 거두었다.

마라톤 전투에서 패한 뒤 페르시아는 치욕을 되갚기 위해 더 철저한 원정 준비에 들어간다. 새로운 페르시아 황제 크세르크세스는 1200여척의 삼단 노선에 170만 명의 대군을 이끌고 그리스를 다시 침공한다. 그 위용에 압도당한 그리스의 일부 도시국가들은 자진해서 자신들의 땅을 바치며 페르시아의 위협에 굴복했다. 그러나 그리스 최강의 육군을 보유한 스파르타와 해군력을 자랑하는 아테네는 페르시아에 맞서 대항하기로 하고, 아테네로 진격해오는 스파르타군에 맞서 아테네를 버리고 살라미스 섬으로 피신한다. 아테네의 해군제독 '테미스토클레스'는 넓은 바다에서 해전을 벌일 경우, 수도 적고 기동성이 떨어지는 그리스의 선박들로는 페르시아 함대의 적수가 되지 못할 것을 판단하고 해류가 빨라 기습공격이 가능한 살라미스 해협으로 적을 유인한다. 좁은 해역에서 움직임이 자유롭지 못한 페르시아 함대는 그리스 함대의 기습 공격을 받고 전열이 흐트러져 자기네들끼리 들이박는 일이 벌어지면서 절망적인 상황으로 빠져들어 간다. 이를 놓치지 않고 그리스 전함들은 페르시아 전함을 직접 공격하여 거의 회복불

그리스에 패하는 페르시아 해군

능의 상태로 만들었다. 이로써 완전히 와해된 페르시아군은 또 다시 그리스 침공에 대한 기대를 저버릴 수밖에 없게 되었다.

이 전투 이후 그리스인들은 페르시아군을 두려워하지 않게 되었고, 아테네가 그리스의 새로운 맹주로 떠올랐다. 페르시아는 기존의 스파르타와 새롭게 떠오르는 아테네라는 두 강국을 상대해야 한다는 부담이 생겨났다. 그러나 아테네의 부상과 이에 따른 두 강국 체제는 길게 보아 그리스 세계의 몰락이라는 불행으로 이어졌다. 페르시아 전쟁 이후 아테네와 스파르타는 사사건건 대립하여 내분이 거의 일상사가 되었기 때문이다.

페르시아와의 전쟁을 승리로 이끌어 위상이 높아진 아테네는 또 다른 침략에 대비해 기원전 447년경 그리스 도시국가의 동맹을 제안했다. 페르시아의 재침공을 두려워한 그리스의 도시국가들은 군함과 병사를 제공하든지 군비를 부담해야 했는데, 동맹 금고를 델로스 섬에 두었다고 해서 델로스 동맹이라 불렀다.

델로스 동맹을 강화해 아테네 최고 전성기를 이끈 지도자는 페리클레스였다. 그는 페르시아와의 전투에서 폐허가 된 아테네를 재건하는 일을 맡았다. 이를 계기로 그리스는 약 50년간 가장 찬란한 시대를 맞게 된다. 페리클레스 통치 당시

아테네와 스파르타의 분쟁

아테네가 세계의 중심이라는 것을 세상에 알리고 싶어 했고, 건축물을 통해 그의 의지를 구현했다. 페르시아 전쟁 후 그리스의 도시국가들에서 분담한 자금을 이용하여 파르테논신전/아크로폴리스를 포함한 시가지 대부분을 재건하여 도시구조의 전반적인 체계를 확고히 했다. 적으로부터 아테네를 방어할 목적으로 세워진 불규칙한 원형 평면의 외곽성벽 내부에 아크로폴리스와 아고라를 도시 기능의 양대 핵심으로 배치하고, 불규칙한 방사형 도로망에 의해 비정형적 가구들로 구성된 중정형 주택 주거지를 배치하였다. 로마 시대 이전에 이미 상하수도 시스템을 갖춘 수도관을 도시 지하에 건설하여 시민들에게 깨끗한 물을 공급하였다. 또한 혁명적인 건물과 도시 구조는 시민들의 의식을 바꾸었고, 페리클레스는 이를 바탕으로 아테네의 영원한 번영을 꿈꾸었다. 그러나 아테네로 부와 권력이 집중되면서 주변 도시국가들의 시기도 끊이지 않았는데, 전쟁분담금이 아테네의 도시 재건에 쓰이는 것에 불만이었던 스파르타와 향후 27년간에 걸친 전쟁의 소용돌이로 휘말리게 된다.

페르시아 전쟁을 통해 가장 강력한 세력으로 부상한 두 도시국가 아테네와 스파르타는 이후 서로 대결하는 체제를 맞이하게 되는데, 아테네를 중심으로 한 델로스 동맹에 맞서 스파르타는 펠로폰네소스 동맹을 결성한다. 결국 이 두 동맹 간에는 결국 전쟁이 벌어졌는데, 이를 '펠로폰네소스 전쟁'이라고 부른다. 이 전쟁은 델로스 동맹으로 인한 아테네의 주도권이 그리스 전체로 확대되는 것을 우려한 스파르타가 아테네를 침공하면서 시작한다. 기원전 431년부터 404년까지 계속된 전쟁으로 아테네는 엄청난 재난을 당한다. 무역은 붕괴되고 민주정은 전복되었으며, 끔찍한 페스트로 인해 엄청난 수의 인명이 희생되었다. 아테네의 모든 성벽은 파괴되었으며, 모든 해외재산 및 해군력 전체가 포기되면서 스파르타의 속국으로 전락하고 말았다. 아테네는 기원전 4세기경 잠시 주도권을 회복하기도 했지만, 영광의 시대는 종말을 고하고 말았다.

■ 그리스 건축

그리스인은 세계를 물리적 견지에서 인식한 물질주의자들이었다. 플라톤이나 신비 종교를 추종한 몇몇 예외적인 사람들을 제외하면, 그리스인은 정신적 실재를 거의 믿지 않았다. 그리스의 건축과 예술에서는 인간을 우주의 가장 중요한 존재로 찬양했던 그리스인의 이상이 잘 나타난다. 조각품에 신들과 여신을 표현하긴 했지만, 그리스의 신들은 인간적 특성을 보이고 인간을 위해 존재한다. 그리스 건축과 조각은 모두 균형, 조화, 질서, 중용 등의 이상을 구현한다. 그리스인에게 혼란과 무절제 그리고 극도의 억제는 거슬리는 것이었고, 그 결과 소박함과 위엄에 찬 자제를 보여 주었다. 즉, 지나친 장식을 삼가면서 동시에 인습적 규제에서 벗어나 있었다. 그리스의 예술은 국가 생활의 표현이기도 했는데, 아테네의 파르테논 신전은 아테네 도시국가의 공동체 생활을 주재하는 수호 여신 아테나의 신전이었다. 건축이 시민들의 자부심과 단결심을 고양하는 역할을 하게 함으로써 도시의 무궁한 번영에 대한 희망의 증거를 남기고자 했다.

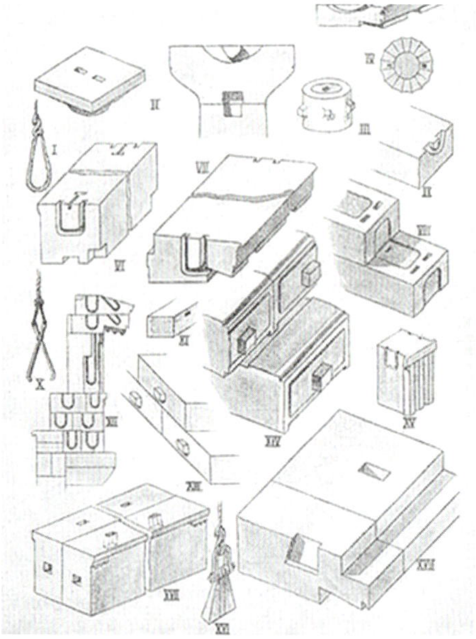

도리스식 기둥의 신전건축(좌)/신전 축조에 사용된 다양한 부재들(우)

기원전 1100년경 북부 지방의 도리안 족이 남하하면서 가져온 철기 문명은 그리스 건축에 본격적인 변화를 가져오는데, 이전 청동기 문명의 거석 구조 대신에 건물이 작아지면서 디테일이 섬세해지고, 조합이 복잡해지는 건축물이 등장하기 시작한다. 그리스 건축은 신전을 중심으로 진행되었다. 단순한 건축물을 뛰어넘어 그리스 사회 전체의 중심체 역할을 했던 신전은 단순한 요소로 이루어진 건축이었다. 신전은 사각형 평면을 에워싸는 기둥 열, 삼각 박공을 갖춘 지붕, 기둥 위에서 지붕을 받치는 앤태블러처, 실내 공간인 셀라(성상 안치소)로 구성된다. 기둥은 단순히 구조 역할에 그치지 않고, 토대 역할을 하는 하부 기단과 상부 지붕이 합해지면서 오더라는 종합적 구조체로 작동했다. 오더에는 두 가지 상이한 건축 양식이 발전해서 만들어진 도리스식과 이오니아식 그리고 후기 그리스 시대에 등장하는 코린트식이 있다. 그리스 신전을 구성하는 크고 작은 부재들의 크기 및 이것들 사이의 위치와 관계는 그냥 정해진 것이 아니라 일정한 비례 법칙을 따랐다. 기둥밑동의 반지름을 모듈로 삼아 큰 부재는 이것의 배수로, 작은 부재는 분수로 각각 그 크기를 정했다. 예를 들어, 도리스식의 주간 거리는

4.5~5.5이고, 이오니아식은 9~10이 표준이다. 기둥의 높이는 도리아식이 14, 이오니아식은 18이 표준형이다.

파르테논 신전(BC 447~432)

그리스 사회에서 신전이 차지하는 비중은 상당히 컸으며, 건축 기술과 상징 등 국가적 역량이 신전에 집중되었다. 도시국가의 지도자들은 통치력을 유지하고 국가의 번영을 건축물로 상징화하기 신전 건축에 몰두하였고, 신전 축조 능력은 그 사회의 수준과 능력을 가늠하는 중요한 기준이었다. 그리스 신전은 오더를 적용하여 완결성을 높이려 하였는데, 신전의 각 부재가 비례 체계를 갖추어가면서 그에 합당한 구조 기능과 맵시를 확보하는 것이 관건이었다. 초기 신전의 오더(비례체계)는 짧고 둔탁했으며, 주두는 가분수처럼 커서 맵시라고는 전혀 없었다. 신전 건축의 노하우가 쌓이면서 주신이 점차 높고 두꺼워졌으며, 비례에 의해 다듬어지면서 안정적이고 보기 좋은 모습을 갖게 되었다. 과학기술의 발전을 잘 활용해서 석구조의 구조적 가능성을 충분히 활용하였는데, 기둥 간 거리와 기둥높이 등에서 가장 적절한 비례를 확보했으며, 주신 지름과 주두 부재들 사이의 비례에서도 구조적 안전성을 유지하면서 주신 윤곽의 맵시를 동시에 얻어내는 발전이 있었다. 이런 발전을 거치면서 건물 외관이 잘 다듬어지고 균형이 잡혔다. 흔히 '고전적 비례'라는 말로 통용되는 고전주의의 조화와 균형의 미학은 여기에서 도래한 것이다. 건물의 전체 형태와 각 부재 등에 황금비례 등을 적용하여 미적 가치를 부여했고, 여러 부재들이 각자의 의미를 지니면서 구조기능과 건물의 구성원리 등에 맞춰 합리적으로 조합되었다. 또한 신전의 사회적 기능을 고취시키기 위해 프리즈, 천장, 지붕 윤곽, 박공 등에 장식을 새겨 건물을 사용하는 시민들의 종교심과 애국심을 불러일으켰다.

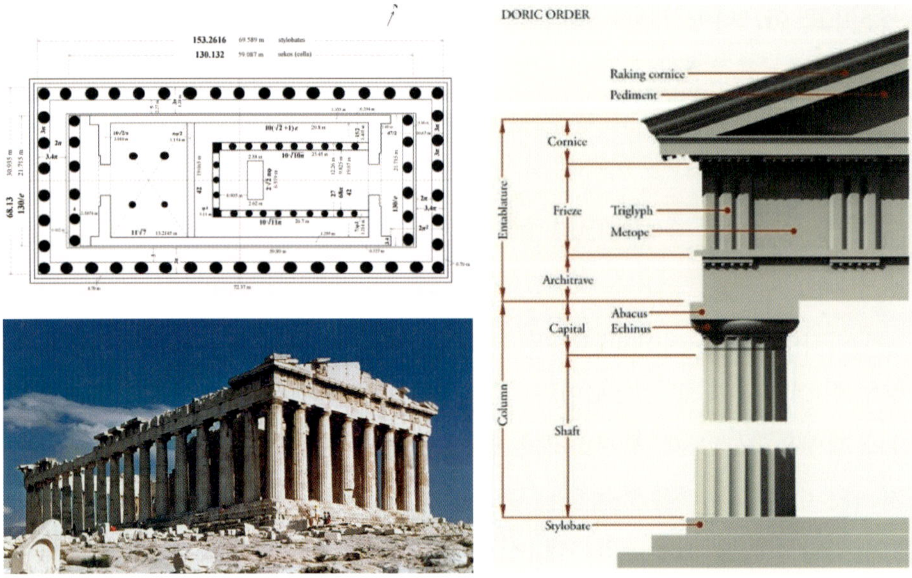

파르테논 신전

아테네의 전성기를 이끈 지도자 페리클레스는 아크로폴리스를 재건하면서 당시 전쟁에서 아테네를 승리로 이끈 처녀신 '아테나 파르테노스'를 기념하고자 그리스 역사상 가장 비용이 많이 들어간 건축물을 계획한다. 그리스 신전 중에서 이상 비례를 가장 완벽하게 구현하면서 미적 외관을 갖춘 이 건축물이 파르테논 신전이다. 파르테논의 주재료는 근처 산지에서 채석된 백색 대리석을 사용하고 동서축을 주축으로 동쪽을 정면으로 배치하고, 내부에는 1m 높이의 아테나 파르테노스 여신상과 그 뒤쪽의 보고실로 구성되었다. 외부 사면에는 직경 1.9m, 높이 10.4m의 도리스식 주범기둥을 전후 각 8주, 양측 각 17주, 총 46주를 세웠으며, 신상실 내부의 열주는 도리스식 주범 기둥을 상하 2단으로 겹쳐 세웠고, 보고실 내부 등 일부 기둥은 이오니아식 주범을 사용하였다. 고대 그리스 신전의 가로와 세로의 비율은 황금분할을 고려하여 1:2n+1로 구성되었는데, 파르테논 역시 이 비율을 지키고 있다. 파르테논 신전의 기둥은 가운데가 볼록한 배흘림기둥인데, 간격이 모두 다르고, 조금씩 안쪽으로 기울어져 있다. 건물 바닥 가운데는 가장자리보다 볼록하게 솟아있다. 이는 사람의 눈높이에서 보이는 착시현상을 고려하여 언덕 아래에서 바라볼 때 기둥의 완벽한 수직선을 강조하기 위해 쏠림

현상을 의도적으로 정밀하게 조절하여 실제 눈에 가장 완벽한 모습으로 보이게 하려는 것이었다. 이렇게 완성된 파르테논 신전은 아테네 사회의 중심 역할을 했다. 특히 지중해 기후의 영향으로 옥외 활동이 많았는데, 신전은 여러 사회행사의 물리적, 정신적 배경으로 작용했다. 후대 학자들의 평가에 의하면 서양 역사상 가장 사회적 의존도가 높았던 건물이 바로 파르테논 신전이었다.

아고라

고대 그리스 도시의 다목적 공공 광장으로, 다양한 시민생활을 지원할 건물들을 대규모 외부 공간을 중심으로 배치하여 집회, 토론, 재판, 상업 등의 일상적인 도시생활과 관련된 기능을 복합적으로 수용한 장소로서, 도시공간기능의 핵심적 역할을 담당했다. 고대 그리스인에게 아고라는 특별한 의미가 있었다. 파르테논과 여러 신전으로 구성된 아크로폴리스가 신성한 종교 중심지라면 아고라는 세속적 삶의 중심지였다.

아고라의 원래 기능은 시장이었다. 고대에 아테네의 주산업은 농업이었지만, 도자기나 금속세공 등 수공업이 발달하면서 점차 시장으로서의 아고라의 중요성이 높아졌다. 고대 아테네의 수공업자들은 생산자이면서 상인이었다. 아고라에서는 상거래와 메달 주조와 같은 경제행위, 공예작업과 생산뿐만 아니라 참여 민주주의를 위한 정치 집회, 종교 집회, 재판이나 형 집행 같은 법률 행위도 이루어졌다. 아고라는 고대 그리스 민주주의 정치에 있어 가장 중요한 장소였다. 특히 정치가들은 이곳에서 여론의 방향을 가늠하고, 정치가를 희망하는 젊은이들과 학자들에게 지식을 전달받으려는 사람들도 자연스레 모여들었다. 기원전 6세기경 아고라에는 정치·행정·재판과 관련된 공공건물들이 들어섰는데, 500인 협의회관과 톨로스가 대표적이다.

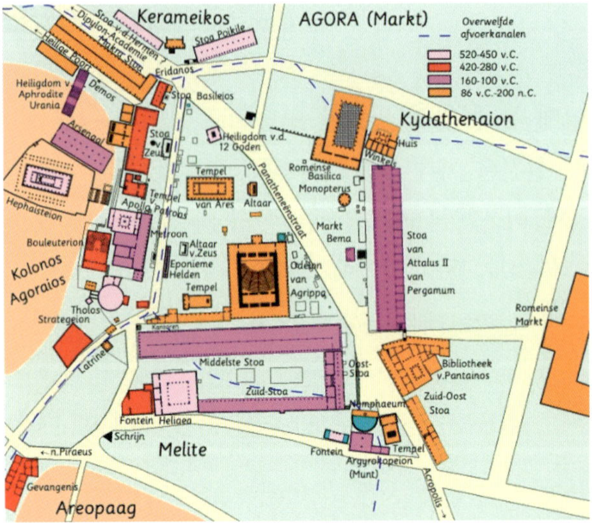

아고라 광장

아고라의 사회적, 기능적 중심지는 스토아였다. 스토아는 기본적으로 상거래 등 경제행위가 일어나는 건물이었지만, 집회, 재판, 학문, 전시 등 다양한 활동의 장이었다. 아테네 아고라에 있는 아탈루스 스토아 건물은 정면이 기둥 열로 이루어지고, 후면은 벽으로 막힌 반 개방형 2층 구조 건물로, 각 층에 21개씩의 방은 가게로 사용되었다.

또한 아고라에는 시민들의 재판을 담당했던 시민법정이 있었다. 시민법정에서는 30세 이상의 아테네 시민들 가운데 추첨으로 뽑힌 배심원들이 재판을 담당했는데, 매년 6,000명의 배심원이 추첨으로 선출되었다. 재판이 열리면 그날 재판에 참여한 배심원 중에서 즉석 추첨으로 재판을 담당할 배심원들이 선정되었다.

배심원 수는 재판의 비중에 따라 달랐다. 예를 들어, 소크라테스의 재판은 501명의 배심원이 재판을 담당했다. 재판은 보통 하루 안에 끝났으며, 시민법정이 최종심이므로 아테네 재판은 단심제였다. 이외에도 신전이나 제단 등 종교와 관련된 건물들도 있는데, 기원전 5세기 중엽에 세워져 비교적 완전한 형태를 유지하고 있는 헤파이스토스 신전이 오늘날 아고라 한 귀퉁이를 차지하고 있다. 파르테논 신전에 유명한 건축가와 조각가를 동원하여 온갖 정성을 기울인 것에 비하면, 헤파이스토스 신전은 장식물이나 유물들을 볼 때 상당히 소박해 보이는 건물이다.

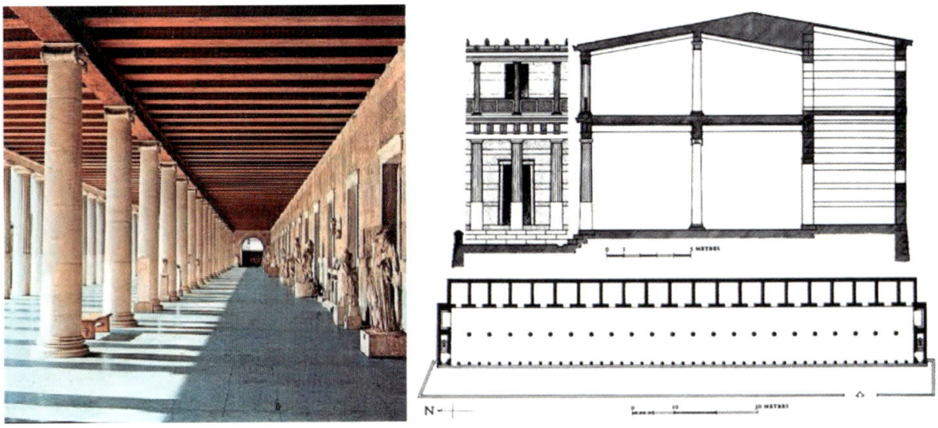

스토아 내부(좌)/평면(우)

아고라는 그리스의 변화가 심한 지형에 맞추어 발전하였는데, 평지에서는 격자 구도를 형성하여 정형적 구성을 갖추고, 구릉 경사지에서는 불규칙한 비정형 구성을 갖추고 있다. 아테네에는 두 개의 아고라가 있는데, 비교적 평지에 위치한

원래의 아고라와 언덕 위 파르테논 신전이 있는 '아크로폴리스'도 아고라의 한 종류로 볼 수 있다. 언덕 위에 있어 방어에 유리한 지형 특성상 전쟁 때에는 적으로부터 시민을 방어하는 역할도 겸했다.

아크로폴리스

그리스어로 높은 곳(acro)에 있는 도시(polis)라는 의미로, 산이나 언덕 위에 신전, 제단 등을 건축하고 성역의 장소로 이용하는 동시에 외곽에 성벽을 갖추어 외부 침략 시에는 방어 역할도 겸하는 곳이었다. 동시에 아크로폴리스는 도시의 가장 성스러운 지역으로 종교의 중심지 역할을 하였는데, 해마다 지역의 종교축제가 열리곤 하였다. 아크로폴리스의 유명한 파르테논 신전 북쪽 건너편에는 이오니아 양식으로 지어진 에레크테이온 신전이 자리 잡고 있다. 고대 그리스에서는 한 지역에 여러 신을 모시는 일이 많았는데, 에레크테이온 신전에는 처음부터 3명의 신을 위한 3개의 신전 건물을 지을 목적으로, 동쪽에는 아테나 신을, 서쪽에는 포세이돈과 헤파이스토스 신을 위한 신전을 건설하였다.

하지만 신전을 다 짓고 보니 전체적으로 하나의 신전처럼 보여서 세 신전을 분리하지 않고 통합하였는데, 신전의 이름은 아테네의 전설적인 왕으로 전해 내려오는 에레크테우스의 이름을 따서 에레크테이온으로 지어졌다.

아크로폴리스 복원모형(좌)/에레크테이온 신전(우)

니케 신전(좌)/프로필라이온(우)

에레크테이온 신전 건물을 떠받치고 있는 여인 형상을 한 6개의 기둥은 그리스의 어느 신전에서도 볼 수 없는 형태를 갖고 있는데, 건물을 떠받치는 기둥으로 사용된 여인상은 '카리아티드'라고 불려진다. 에레크테이온 신전은 인위적으로 높이를 조절하지 않고 암벽 지형을 그대로 활용했기 때문에 각 방향에서 전혀 다른 공간과 분위기를 느낄 수 있다.

아크로폴리스의 서남쪽 끝에는 승리의 여신 니케를 모신 니케 신전이 있다. 니케 신전은 원래 페르시아와의 전쟁에 승리한 것을 기념하기 위해 짓기 시작했지만, 공사가 끝났을 때는 스파르타와 전쟁을 치르고 있었다. 그래서 처음의 의도와는 다르게 아테네의 승리를 기원하는 신전이 되었다.

파르테논이나 에레크테이온 신전보다 규모는 작지만 니케 신전은 에레크테이온 신전과 더불어 이오니아 양식을 대표하는 신전이다. 이오니아 양식은 원래 에게해 연안에 살았던 이오니아인들이 사용하던 건축 양식으로, 도리아 양식의 파르테논 신전보다 여성적이고 우아한 기둥 모양을 갖추고 있다. 니케 신전과 접해 있는 프로필라이온은 아테네 근처 펜델리콘에서 생산되는 하얀 대리석과 엘레프시스에서 생산되는 푸른 대리석을 적절하게 섞어서 만들어진 아크로폴리스의 출입문이다. 아크로폴리스에 가려면 서쪽 통로를 따라 이동해야 하는데, 서쪽을 제외한 나머지 세 방향은 모두 낭떠러지로 이루어져 있다. 서쪽 통로를 따라 불규칙적인 바위를 절묘하게 이용해 만든 대리석 계단을 지나면 아크로폴리스의 출입문인 프로필라이온이 등장하는데, 웅장한 스케일의 기둥은 감탄을 자아낸다.

아크로폴리스는 기원전 13세기 미케네 문명기에 성벽과 왕궁이 세워지며 만들어졌다. 그러나 도시국가 시대로 접어든 기원전 8세기 이후 아크로폴리스는 인간의 영역이 아닌 신들의 영역으로 재탄생한다. 페르시아 전쟁 시기에는 페르시아 군대가 아티카 반도를 점령하고 약탈하면서 아크로폴리스 위에 있던 신전들도 대부분 파괴되었는데, 전쟁이 끝난 후 아테네의 지도자 페리클레스의 아테네 복원계획에 의해 오늘날 있는 대부분의 신전이 세워지게 되었고, 한동안 아테네의 번영을 반영하는 모습으로 우뚝 서 있었다.

영광이 사라진 이후에도 한동안은 철학과 학문의 중심지로 명맥을 유지하던 아테네는 동로마 제국의 기독교 전파를 위한 이교도 근절을 위한 목적으로 많은 그리스·로마 시대의 신전들이 수난을 당하기 시작했다. 그 여파로 인해 6세기에 파르테논은 기독교 교회당으로, 아테네 여신상은 성모 마리아상으로 바뀌게 되었다. 그로부터 900여 년 지난 1453여 년 중세 천 년을 지탱해온 동로마 제국, 즉 비잔티움 제국이 오스만 튀르크에게 점령당하자 이슬람교도였던 터키인들에 의해 파르테논 신전은 다시 이슬람 사원으로 그 용도가 바뀌게 되고, 17세기 말에는 그리스 대부분을 정복하고 있던 베네치아의 군대가 아테네를 포위하자 1687년에 터키군은 아크로폴리스로 피난하여 파르테논 신전을 탄약고로 사용한다. 급기야 베네치아 군사령관은 신전을 향하여 대포를 발사하도록 명령했고, 1발의 포탄이 지붕에 명중하여 순식간에 건물을 파괴했다. 이로써 신전의 벽과 기둥 28개가 파괴되고 지붕이 날아갔다. 19세기 초 터키 주재 영국대사였던 엘긴 경은 파르테논 신전에서 골라낸 조각 대부분을 반출하는 허가를 받아냈다. 이리하여 파르테논 신전의 유물은 대영박물관에 소장되어 지금까지 보관되고 있다. 1833년 그리스가 오스만 튀르크로부터 독립을 쟁취한 후에야 비로소 고고학자들은 외국 지배하의 시대에 생긴 파편들의 산더미에서 찾아낸 조각들을 연결하여 거의 모든 파괴된 원주를 복원하기에 이른다. 오늘날 아크로폴리스에는 온전하게 남은 건축물은 없지만, 전 세계 관광객의 관심과 그리스 정부의 복원계획에 의해 다시 살아나 고대의 영광을 재현하는 아테나 여신은 여전히 아테네 시의 '수호신' 역할을 하고 있는 것이다.

아크로폴리스 내부의 아테나 여신상

디오니소스 극장

아크로폴리스의 가파른 낭떠러지 아래에는 두 개의 극장 유적지가 있는데, 한 곳은 파르테논 신전 절벽 아래 자리한 디오니소스 극장이고, 다른 한 곳은 니케 신전 아래 세워진 헤로데스 아티쿠스 극장이다. 아테네 극장을 대표하는 두 극장은 자연환경을 최대한 활용했다는 공통점을 갖고 있는데, 모두 경사가 가파른 아크로폴리스 언덕 아래쪽에 세워져 있다. 관중석이나 시민들이 모이는 장소는 지형이 높은 곳에, 연설자나 배우들이 서는 장소는 낮은 곳에 설치하여 오늘날의 예술회관이나 영화관의 형태를 갖추고 있다.

3,000여 명이 들어갈 수 있는 디오니소스 극장은 아테네 시민들이 모여 회의와 토론을 펼치거나 연극 등을 공연하는 장소로도 사용되었고, 헤로데스 아티쿠스 극장은 지금 남아 있는 고대 극장 중 가장 아름다운 극장으로 알려져 있다. 헤로데스라는 로마 사람이 아테네에 기증한 것으로, 실제로 극장이 건설된 시기는 로마가 그리스를 지배한 이후인데, 헤로데스 아티쿠스 극장은 지금도 여름이면 세계적인 악단과 예술가들이 찾아와 오페라, 연극, 음악 공연을 펼치고 있어 누구

디오니소스 극장(좌)/헤로데스 아티쿠스 극장(우)

나 사용할 수 있는 공간으로 현재에도 활용되고 있다.

■ 트로이 신화

그리스와 트로이 사이에 벌어진 트로이 전쟁은 기원전 1200년경에 시작된 것으로 알려져 있지만, 실제 전쟁 여부는 누구도 알 수 없다. 독일의 고고학자 슐리만은 어릴 때 호메로스의 이야기를 읽고 크게 감동받아 40세가 되자 트로이 유적의 발굴을 시작했다. 마침내 발견된 트로이 유적으로 인해 전설에 불과했던 트로이 전쟁이 세상에 알려지게 된다. 그리스와 트로이 사이에 벌어진 트로이 전쟁은 기원전 1200년경에 시작된 것으로 알려져 있지만, 정확한 연대는 밝혀지지 않았다. 호메로스의 '일리아드'에는 다음과 같이 소개되어 있다.

트로이로 도망치는 파리스와 헬레나

올림포스 산의 결혼 잔치에 초대받지 못한 불화의 여신이 식탁 위에 황금 사과를 던졌는데, 사과에는 '가장 아름다운 여신'에게라고 적혀 있었다. 그러자 헤라, 아테나, 아프로디테 세 여신은 사과를 서로 차지하기 위해 다투었고, 우연히 눈에 띈 한 목동에게 누가 가장 아름다운지 결정해 달라고 부탁했다. 목동은 세상에서 가장 아름다운 여자를 아내로 맞이할 수 있게 해주겠다고 제안한 아프로

디테에게 사과를 내밀었는데, 그 목동은 트로이의 왕 프리아모스의 아들 파리스였고, 갓난아기였을 때 산에 버려져 양치기의 아들로 성장한 것이었다. 파리스는 훗날 미케네의 왕 메넬라오스의 결혼잔치에 참여해 아름다운 신부 헬레나에게 한눈에 반하게 되고, 아프로디테는 파리스에게 헬레나를 데리고 도망치라고 일러준다. 결국 파리스는 헬레나를 데리고 바다 건너 트로이로 도망치고, 이에 격분한 메넬라오스는 연합군을 급조하여 트로이로 진격한다. 하지만 성벽으로 둘러싸인 트로이를 함락시키는 것은 그리 만만한 것이 아니었다.

일진일퇴를 거듭하다가 전염병까지 돌아 10년이란 시간이 흘렀다. 전쟁에 지친 병사들은 본국으로 돌아가기를 희망했지만, 메넬라오스의 신하가 한 가지 꾀를 냈다. 거대한 목마를 만들어 목마 안에 병사를 숨기고 트로이에 남긴 채 본국으로 후퇴하는 시늉을 한 것이다. 트로이 사람들에게는 트로이의 목마가 신의 선물이라는 소문이 돌았다. 전쟁에 지친 트로이는 연합군이 후퇴하면서 남긴 선물로 착각하고 목마를 성안으로 들여놓기로 한다. 성대한 파티가 열리고 모두가 술에 취해 잠들어 있던 늦은 밤이 되자, 마침내 목마 속에 숨어있던 아킬레우스와 정예병들은 튀어나와 성문을 열고 연합군 병사들은 물밀 듯이 성안으로 들어와 트로이를 점령한다.

트로이 신화는 당시 미케네 왕국과 주변 도시국가들의 힘겨루기를 배경으로 쓰여졌다. 바다의 패권을 차지하려는 미케네 왕국은 에게해를 지나 흑해로 진출하길 원했고, 흑해의 길목에 있는 트로이가 항상 걸림돌이었을 것이다. 신화 속 헬레네 납치사건은 미케네가 트로이를 공격할 수 있는 빌미를 제공해준 셈이 됐다. 트로이 신화는 당시의 국가 간 이해관계를 배경으로 어느 정도 사실에 근거하여 쓰여졌다고 보는 것이 옳을 것이다.

트로이 목마(좌)/헬레나와 파리스 왕자(우)

II. 로마 시대 & 건축

■ 로마의 역사

고대 로마는 지금의 이탈리아 반도에서 탄생했다. 이탈리아 땅에 제일 먼저 정착해있던 민족은 에트루리아인이다. 이들은 소아시아 지방에서 이주해 왔다는 주장도 있고, 이탈리아 본토 사람이었다는 주장도 있는데, 기원전 7~6세기경 이탈리아 중부 지역 대부분을 지배하며 가장 융성한 문화를 누리고 있었다. 또한 철기 제작에 능숙하여 그리스에 금속을 수출하면서 긴밀한 무역관계를 형성하고 있었다. 에투리아는 국왕이 있기는 했지만 귀족중심의 정치체계를 형성하고 있었고, 각 도시는 도시국가 체제를 이루고 있었다.

원래 에트루리아 영토에 속했던 로마는 기원전 509년 에트루리아 왕을 추방하고 독립을 쟁취한다. 로마인은 귀족 가운데 민정과 군사 영역에서 최고의 권한을 가진 두 명의 집정관을 선정하여 이전의 왕이 행사하던 행정, 사법 권한을 대신 집행하게 한다, 또한 자문회의를 위해 귀족 300명으로 이루어진 원로원도 두었다. 공화정이 성립된지 얼마 지나지 않아 귀족과 평민 사이에는 권력 투쟁이 벌어지기 시작한다. 귀족은 대지주로서 원로원과 정무관직을 독점했고, 평민은 소농 아니면 수공업자, 상인 등이었다. 평민들은 무거운 세금을 납부해야만 했고, 전시에는 군대에 복무해야 했음에도 불구하고 정부의 모든 부문에서 배제되어 있었다. 기원전 5세기 초에 평민들은 반란을 일으켜 평민의 권리를 법적으로 보호하는 법률을 요구하는데, 기원전 450년경에 자유 헌장으로 불리는 '12표법'을 성문화하고 하위 정무관직의 피선거 자격도 얻게 되었다. 기원전 367년에는 호민관 리키니우스의 주장으로 귀족이 독점했던 집정관의 한 자리를 평민 중에서 선출하게 된다. 이로써 형식적으로는 귀족과 평민의 위치가 동등해졌다.

암 늑대상: 레무스 쌍둥이(좌)/로마의 생활중심지: 포로 로마노(우)

Tip 로마의 건국신화

트로이 전쟁에서 멸망한 트로이 왕자 아이네이아스가 이탈리아 본토로 건너 피신하게 된다. 아이네이아스의 동생 아물리우스는 아이네이아스의 아들을 누르고 형의 왕위를 쟁탈한다. 또한 형의 딸인 실비아를 평생 처녀로 살게 하여 그녀가 왕손을 낳지 못하게 하였다. 그런데 그녀가 냇가로 물을 길으러 갔다가 전쟁의 신 마르스를 만나 그의 아이를 갖게 되었고, 로물루스와 레무스라는 쌍둥이 형제를 낳게 된다. 이 형제는 바구니에 담긴 채 티베르 강에 버려졌고, 강을 따라 내려오던 바구니가 강기슭에 정착하자 이를 발견한 늑대의 젖을 먹고 성장한다. 기원전 753년 성인이 된 두 형제는 티베르 강 주변 7개의 언덕이 있는 지역에 국가를 세웠는데, 이것이 로마 건국의 시작이 된다. 이 신화는 로마인이 선진 문명을 가졌던 그리스인의 후예임을 입증함으로써 권위와 정통성을 과시하려는 데서 유인한다.

공화정 중기 – 카르타고와의 3차례 전쟁

기원전 287년 이후 유력한 평민들이 자신들의 목적을 달성하여 사실상 신분투쟁이 마무리되었고, 귀족과 평민 출신의 원로원 신귀족들이 이후 150여 년간 로마의 정치적 안정을 유지하였다. 이 시기에는 끊임없이 전쟁이 이어졌으며, 로마는 시켈리아, 사르디니아, 코르시카, 히스파니아, 마케도니아, 그리스, 북아프리카, 소아시아 등 광활한 지역을 정복하게 된다. 기원전 264년 신흥 강국 로마와 지중해의 패권을 쥔 해상강국 카르타고가 맞서고 있는 가운데서 시칠리아와 이탈리아 반도 사이의 소도시 메사나에서 분쟁이 일어난다. 이 분쟁은 지중해의 패권을 장악하기 위한 로마와 카르타고 간의 3차례 전쟁으로 이어진다.

1차 포에니 전쟁에서 카르타고 해군의 견제에도 불구하고 메시나 해협을 건너는데 성공한 로마군은 카르타고와 동맹을 맺은 시라쿠사군을 격파한다. 이때 최초로 시칠리아 서부 지역이 최초의 속주로 지정되었으며, 로마는 광범위한 지중해 세계의 문제에 개입하는 주요 해상국가로 발돋움했다. 제2차 포에니 전쟁이 일어나기 전까지 로마는 이탈리아 사방에서 전쟁을 치러 사르디니아와 코르시카를 속주화하고, 일리리아 전쟁으로 헬레니즘 세계에 일부 진출하였을 뿐 아니라 북쪽의 켈트족에 속하는 갈리아인을 물리치고 북부 이탈리아의 영토를 넓혔다. 하지만 그것은 포에니 전쟁의 일부에 불과했고, 2차 포에니 전쟁(BC 218~201)은 아주 광대한 지역에서 펼쳐진다. 카르타고의 장군인 하밀카르는 카르타고를 떠나 스페인을 식민지화하였고, 상당한 속도로 그들의 영역을 넓혔다. 하밀카르가 죽은 뒤 그의 동생인 하스두르발이 스페인을 지배하게 되었는데, 그는 로마와 에브로 강을 경계로 영역을 넓히지 않기로 조약을 맺는다. 이미 하스두르발은 에브로 강 이북에 어느 정도의 영토를 가지고 있었는데, 이 조약으로 인해 그는 이 영역을 포기해야 했다.

하스두르발이 죽은 뒤 새로 총사령관이 된 한니발은 에브로 강 남쪽에 있었던 로마의 동맹시인 사군툼을 공격하였고, 이에 로마인들은 카르타고에 선전포고를 한다. 기원전 218년 카르타고의 한니발은 정예 부대를 이끌고 알프스 산맥을 넘어 이탈리아를 침공했다. 천재적인 명장 한니발은 뛰어난 전략과 전술을 바탕으로 기원전 218년에 티키누스와 트레비아 그리고 기원전 217년 트라시메누스에서 로마군을 연파하였고, 기원전 216년 칸나이 전투에서 5만 명의 병력으로 로마군 8만 명을 격파하여 북부와 남부 이탈리아를 점령한다. 그러나 로마는 독재관이었던 파비우스 막시무스가 독재관 시절에 썼던 지구전법을 써서 한니발을 저지하였다. 이 전법의 근거는 한니발이 지휘하는 군대는 강력했으나 그가 지휘하지 않은 군대는 그렇지 않았기 때문에 이것을 이용한 것이었다. 이탈리아 반도 내에서 한니발이 지휘하는 군대는 한 번도 패배하지 않았으나 로마인들은 한니발이 부재중인 지역을 적극적으로 공략하였고, 때문에 한니발에게 붙었던 캄파니아 주의 중심도시인 카푸아와 남부 이탈리아의 중심도시인 타렌톰을 점령한다. 한니발이 떠난 스페인 지역은 그의 동생인 하스두르발이 통치하였는데, 이 지역도 로마의 공격을 받게 된다. 초기엔 북이탈리아에서 한니발과 맞선 경험이 있었던 푸빌리우스 스키피오와 그의 동생인 그나이우스 스키피오가 하스두르발과 싸웠고, 그들은 상당한 군사적인 성과를 거두어 하스두르발이 한니발에게 보급하지 못하도록 견제하는 데 성공한다. 스키피오에게 결정적인 패배를 당한 하스두르발은 그의 잔여 병력을 모두 모아 이탈리아에 있는 형과 합류하기 위해 알프스를 넘어 북이탈리아로 진입한다. 그러나 두 형제가 합류하는 것을 상당히 경계한 로마인들은 북이탈리아에서 하스두르발을 신속하게 요격하였으며, 이 전투에서 패배한 하스두르발과 그의 병력은 모두 죽거나 포로로 잡힌다. 전황이 불리해지자 한니발편에 섰던 이탈리아의 도시들은 한니발에게 더 이상의 협조를 하지 않았고, 그 결과 한니발은 이탈리아의 장화 발부리 구석으로 몰리게 된다. 전세가 호전되자 스키피오는 아프리카 원정을 주장하였고 승전을 거듭한다. 뒤이어 벌어진 기

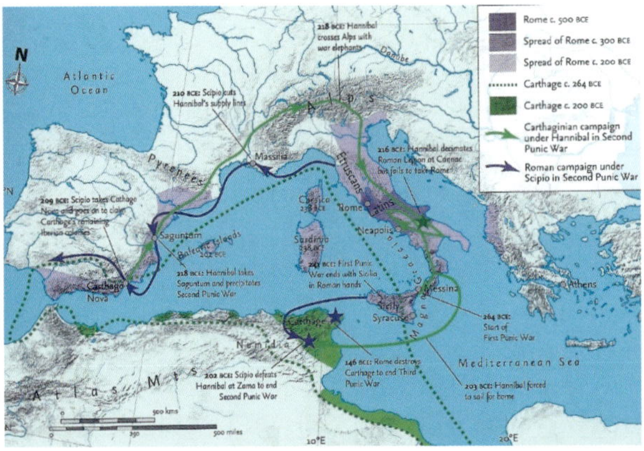

로마VS카르타고 전쟁 동선(좌)/알프스를 넘는 카르타고 군대(우)

로마 원로원

원전 202년 자마 전투에서 스키피오는 한니발을 격파한 뒤 카르타고에게 상당히 엄격한 강화내용을 강요하였으며, 이것은 훗날 3차 포에니 전쟁의 불씨가 된다. 로마의 허락 없이 싸울 수 없다는 강화조약을 위반하고 누미디아의 침략군에 대항하여 군대를 편성한 카르타고를 또 다시 공격한다. 이는 제3차 포에니 전쟁이라 불리었고 이 전쟁의 결과 카르타고는 기원전 146년에 멸망하였다. 포에니 전쟁 이후 로마는 지중해를 장악할 수 있게 되며 드디어 로마의 전성 시대가 열리게 된다.

카르타고와의 전쟁은 로마에 엄청난 결과를 가져다 주었다. 에스파냐를 차지하게 되어 엄청난 부를 획득할 수 있게 되었을 뿐 아니라 향후 유럽 역사의 전개에 중대한 영향을 끼친 로마의 서유럽 팽창 정책의 출발이기도 했다. 또한 그리스와 소아시아를 정복하고 이집트를 보호국으로 만들었다. 기원전 2세기에 이르자 사실상 지중해 전역을 지배하게 되었다. 헬레니즘 문화를 가진 동방을 정복하면서 그리스의 사상과 관습이 로마로 유입되어 사회, 문화적 삶의 여러 면을 변화시키는데 커다란 영향을 미치게 되었다. 그 결과 로마 상류 계급 인사들 사이에 에피쿠로스 철학과 스토아 철학이 널리 받아들여지는 등 지적 활동이 만개하고 사회 변화가 가속되었다. 사치 풍조도 만연되고 계급간의 거리가 더욱 크게 벌어져 노예의 수가 늘어나면서 공화정 말기 800만 명을 헤아렸던 이탈리아인은 귀족, 기사, 평민, 노예 등 네 계급으로 구분되었다.

로마 제국(제정기) 시대

로마 제국은 아우구스투스가 황제 지배 체제를 시작한 기원전 27년부터 몰락까지의 로마를 일컫는다. 이집트와의 전쟁을 승리로 이끌고 로마로 돌아온 아우구스투스는 로마제국의 초대황제로 즉위한다. 종신 독재관에 취임한 카이사르가 반대파에 의해 살해당했을 때 양아들이었던 '아우구스투스'는 18세에 불과했다. 그러나 그는 카이사르의 제1상속인이라는 후광을 업고 당대 최고 실력자인 안토니우스 등과 2차 삼두정을 수립했다. 그 후 반대파의 숙청에 가담하여 300인의 원로원 의원과 2,000명의 기사를 처형했다. 기원전 36년 삼두정이 무너지자 아우

로마제국의 초대황제: 아우구스투스

구스투스는 안토니우스와 힘겨루기를 계속하다가, 마침내 악티움 해전에서 안토니우스와 클레오파트라의 군대를 격파하고 로마 시내로 개선한다. 아우구스티누스의 승리는 100년 이상 지속된 사회 혼란과 계층 갈등, 장군들의 내전을 종식하고, 안정과 화합, 평화의 시대의 출발을 알리는 것이었다. 시민들은 그가 내린 조치들에 전폭적인 지지와 환호를 보내고, 황제(승리한 장군)라는 칭호를 원로원과 군대로부터 받았다. 그는 대중의 간청에도 불구하고 독재관이 되기를 거부했고, 심지어 종신 집정관 자리마저도 거부한다. 그는 공화정 초기와 마찬가지로 원로원과 인민이야말로 최고의 주권자라고 보았다. 이후 아우구스투스는 이탈리아 및 속주들을 44년간(BC 31~AD 14) 지배했는데, 정치인으로서 그의 역할은 율리우스 카이사르에 필적하는 것이었다. 황제가 직접 주관하는 중앙집권적 재판제도를 창설했으며, 여러 도시 및 속주들에 대해 지방 자치를 상당히 폭넓게 허용하는 등 각종 개혁을 단행하였다. 개혁뿐 아니라 사회악과 부도덕을 억제하기 위한 법률을 제정하는데 스스로 절제된 생활의 모범을 보임으로써 사치 풍조를 막고자 했다. 아우구스투스 이후 트라야누스에 이르기까지 로마 제국은 팽창을 거듭하는데 오늘날의 스위스와 오스트리아, 불가리아 지방을 정복하고, 브리튼 섬까지 로마 영토에 편입시키는 등 라인 강 서쪽의 게르마니아, 그리스 북쪽의 다키아까지 판도를 넓혔다.

■ 로마의 실용주의 건축 & 토목공학

로마인들의 공학기술은 대단히 뛰어났다. 기원전 3세기까지 로마인들은 나무와 진흙벽돌로 건물들을 지었고, 이후부터 시멘트가 사용되면서 건축공법이 혁신되었다. 콘크리트의 발명과 아치의 사용으로 건물들의 형태를 획기적으로 발전시켰고, 건축 외부에 치중하던 그리스와는 달리 건물 내부를 중시했다.

로마의 건축은 일차적으로 실용적 목적을 띠고 세워졌다. 정부청사, 원형경기장, 목욕탕, 개인 주택 등의 유적을 오늘날 쉽게 찾아 볼 수 있는데, 이러한 건축과 더불어 로마인은 훌륭한 도로와 교량, 상하수도 시스템 등 넓은 영토에 필요한 토목 구조물이 발전했다. 로마가 제국에서 멀리 떨어져 있는 속주들과 연결할 목적으로 구축한 교통망은 그 길이가 80,000km에 달했다. 주로 군사적 목적으로 건설되었고 오래 지속될 수 있도록 만들어져 중세시대에도 중요한 교통망으로 사용되었다. 또한 제국의 모든 대도시들에 로마의 생활양식을 전파했는데, 로마의 도시구조를 모방하여 어느 도시나 거의 비슷한 구조를 갖추었다. 각 도시에는 로마에 세워진 광장, 신전, 원형경기장 등을 모방한 건축물들이 건축되었으며, 주변 저수지에서 수로 시스템을 통해 각 주거지에 상수도로 공급되는 발달된 상/하수도와 기반 시설을 갖추고 있었다(기원후 3세기경 로마에는 11개의 무료 공중목욕탕, 800개 이상의 사설목욕탕이 존재했다).

토목 구조물은 건축과 연관이 없어 보일 수 있으나 로마 건축에서는 빠질 수 없는 핵심 내용이다. 이러한 토목 구조물은 로마가 제국으로 확장되면서 광활한 영토 내에서 표준화된 도시를 건설할 필요성이 대두되면서 로마가 서양 문명에 남긴 가장 큰 발자취 가운데 하나이다. 농업과 도시생활을 위한 물을 확보하기 위해 도시 근교에 있는 저수지로부터 물을 공급받기 위한 수로(교량)가 필요했고, 전쟁 발발 시 광활한 영토로 신속히 대규모 병사를 파견하기 위해서 도로를 건설해야만 했다. 이런 필요는 **토목 공학(civil engineering)**의 발전을 가져왔다. Civil(시빌)은 시민의, 문명의 라는 뜻이 내포되어 있으며, 시빌 엔지니어링이란 의미는 '시민이 공공의 목적을 위해 합리적 정신으로 무장하고 가용 기술을 적절히 활용해서 원하는 바를 성취한다'는 의미를 가지고 있다. 서양의 실용 합리주의를 기술에 접목시켜 정의한 개념으로, 로마인들은 이것을 건축에 적용하여 로마 제국에 가장 적합한 건축을 탄생시켰고 후대에 물려주었다.

로마의 위대한 구조 발명품: 아치

로마의 가장 위대한 건축적 발명품으로 '아치'를 들 수 있다. 로마에서 최초로 등장한 것은 아니지만 이것을 건축과 토목의 핵심 기술로 활용하여 후세의 서양

아치를 활용한 프랑스 님의 가르교: 3단 구성의 수로교

건축에 큰 영향을 주었다. 그리스 건축의 오더는 정교한 부재와 세밀한 비례가 특징인데 반해, 로마 건축의 아치는 구조적 우수성과 형태적 가변성이 뛰어나다. 이러한 두 시대의 특성은 서양 고전주의 건축의 기본 틀로 봐도 무방할 것이다. 아치는 홍예돌이라 불리는 쐐기 형태의 부재를 반원형으로 이어 붙여서 만든다. 개구부 상부의 하중을 지지하기 위해 돌이나 벽돌 등을 곡선 모양으로 쌓아올리고, 홍예돌은 사선 방향으로 공중에 떠 있기 때문에 인장력에 강하게 버틸 수 있다. 위에서 힘을 가하면 아치의 양끝은 밖으로 벌어지려고 한다. 이것을 벌어지지 않도록 양끝을 고정시키면 매우 큰 힘에 견뎌낼 수 있는 구조 역할을 할 수 있는 것이다. 로마 시대에 장 스팬이 필요한 수로(다리), 대형 경기장 구조물로 많이 세워졌는데, 일반 기둥에 비해 인장력에 훨씬 잘 견딜 수 있기 때문이다.

프랑스 님의 가르교(AD 98~117)는 강폭이 제일 좁은 곳에 27미터짜리 아치를 세워 건설했다. 주간(기둥) 거리가 짧은 기둥구조는 기둥을 촘촘하게 세워야 하기 때문에 많은 수고가 필요했고, 아치 구조를 활용하면 아치의 반원형 지름을 확장하면 훨씬 경제적으로(최소한의 기둥으로) 다리를 세울 수 있었다. 당시 인구 5만 명의 도시에 물 공급을 하기 위해 50km 떨어진 우제의 수원지부터 님까지 수로를 건설했다. 1km당 0.25m의 경사를 형성하는 수로 위쪽엔 폭 1.2m의 물 통로가 있었고, 상부는 판석으로 덮어 햇빛을 차단했다. 경사 유지를 위해 400m의 터널을 뚫었고 일곱 개의 아치형 다리를 세웠다. 이 중 님의 가르계곡에 건설된 수로는 아치가 3단으로 겹쳐져 있으며, 최대 높이 49m, 길이 275m의 수로구가 통해 있다. 3단으로 이루어진 아치의 첫 번째 단과 두 번째 단은 주변에서 채취한 석재를 쌓아 만들었고, 최상부 단은 시멘트 반죽을 거푸집에 넣어 만들었다. 로마 제국의 곡창지대였던 프랑스와 스페인 남동부 지역에는 2000년의 세월에도 건재한 수로교가 아직도 많이 남아있다.

로마 시대에 지어진 이러한 다리와 수도교 상당수가 지금도 남아 있다. 2세기 초 로마의 인구 수는 정점에 이른다. 이 시기에 총 연장 400km에 이르는 11개의 수로를 통해서 약 100만 명의 시민이 일인당 하루 거의 1,000리터에 이르는 물을 사용했다. 공중 욕탕이 발달한 로마 시내에만도 모두 11개의 수로를 세웠다.

배럴볼트(Barrel Vault) & 교차볼트(Groin Vault)

2차원 아치를 늘어트려 3차원 공간으로 만든 것이 볼트이다. 터널과 같은 반원 통형 곡면 구조체 형태를 지니고 있어 일명 터널볼트라고도 하며, 볼트 기법 중 가장 일반적이고 기본적인 형식이 배럴볼트이다. 볼트 역시 아치와 마찬가지로

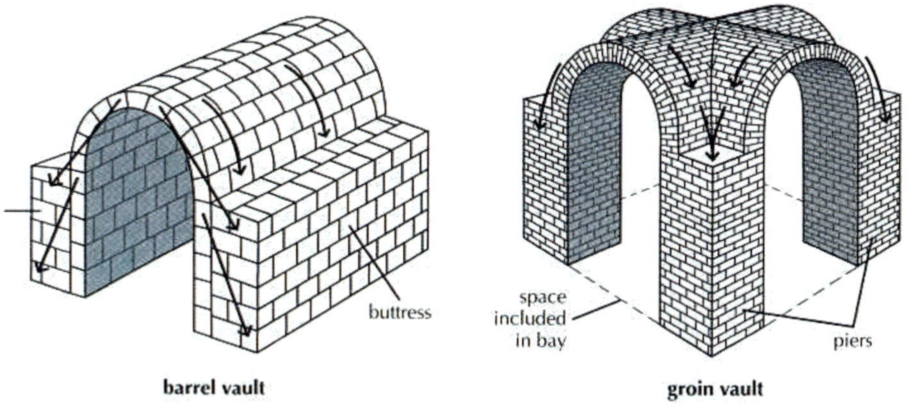

배럴볼트와 교차볼트

구조적 문제를 해결하면서 장식적으로도 활용 가능한 특성을 갖고 있다. 볼트의 강점은 아치와 마찬가지로 반원형의 천정을 따라 하중을 옆으로 흘려보내기 때문에 압축력과 인장력을 최소화할 수 있다. 이 때문에 터널이나 지하구조에 많이 사용되었다. 볼트는 로마 제국 건설에 중요한 역할을 했다. 아치로 다리와 수로를 세웠다면 볼트로는 지하 시설 같은 각종 저장 시설을 지을 수 있게 되었다. 기원전 1세기경 시멘트를 사용하면서 벽체가 얇아지고 내구성이 향상되었다. 이는 천장 두께를 얇게 해주어 아래에서 받치는 벽체에 부담을 적게 해주었고, 볼트의 축조가 자유로워지면서 벽 사이의 거리를 늘릴 수 있었다.

로마의 원형극장은 볼트 구조의 산물이다. 많은 수의 관중을 수용하기 위해 경기장 크기가 커지면서 관중석 밑부분을 처리하는 일이 큰 문제로 떠올랐다. 일반 기둥벽체로는 관중석의 하중을 감당하기 위해 벽체의 두께가 늘어나 관중이 들고나는 동선 확보가 거의 불가능했다. 볼트구조를 이용한다면 이 공간을 비울 수 있다. 볼트가 만들어낸 공간은 이동통로, 창고, 검투사 대기실, 맹수 우리 등으로 다양하게 사용되었다. 이때 확립된 원형극장의 구조 시스템은 이후 현대의 스타디움(경기장)에도 거의 그대로 적용되어 사용되고 있다. 철근 콘크리트, 철골재료의 발전으로 재료구조만 바뀌었을 뿐 전체적인 구성은 로마 원형극장에서 크게 변하지 않았다.

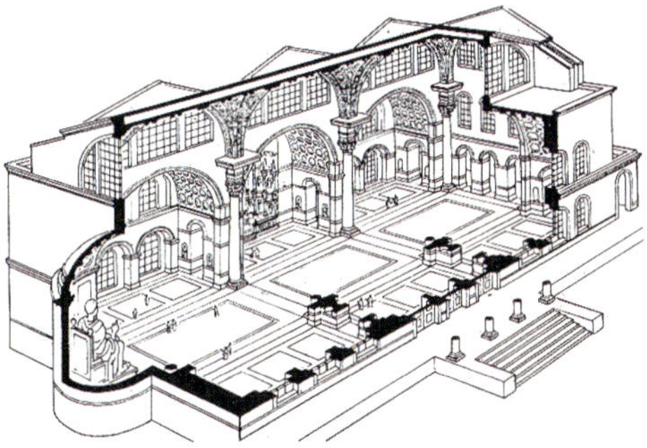

배럴볼트와 교차볼트를 사용해 지어진 로마의 공중욕장

Tip 교차볼트

일명 그로인볼트라고도 하며 너비와 길이가 동일한 배럴볼트 2개가 상호 직각으로 교차되어 정방형 평면을 구성하고, 4개의 곡면(Groin)과 아치 그리고 2개의 대각선 아치에 의해 일체식 곡면 구조체를 형성한다. 자중과 횡압력이 4개의 하부기둥에 분산되어 배럴볼트에 비해 더 넓은 너비의 볼트 구조체 형성이 가능하다. 지붕 구조체를 이용할 경우 하부가 4개의 기둥에 의해 지지되며, 상부 볼트의 측면 개구부에 고측 창을 설치하여 채광할 수 있고, 하부의 기둥 사이에도 개방적인 내부 공간을 형성할 수 있는 등 배럴보트보다 넓은 공간에 더 적합한 볼트 구조 시스템으로 고대 로마에서 최초로 개발되어 공중욕장, 바실리카 등에 이용되었다. 이후 로마네스크와 고딕 등의 중세 종교건축에서 핵심적 구조기법으로 널리 사용된다.

콜로세움과 공중욕장(Thermae)

볼트가 구조적 문제를 해결해주면서 원형극장의 크기는 급속도로 커졌다. 콜로세움은 볼트 이외에도 당시 로마 건설 기술의 집약판이었다. 관중석을 받치는 볼트는 동심원과 방사선의 두 방향으로 교차하면서 세워졌는데 수직으로 4개 층을 담당했다.

콜로세움은 네로 황제의 화려한 궁전 부지에 지어진 원형경기장으로 도미티아누스 황제가 4층 부분을 증축하여 완성한다. 190m 길이에 156m 높이의 경기장은 5만 명을 수용할 수 있는 규모로, 각 층이 80개의 기둥과 아케이드로 구성되었는데, 1층은 도리스식, 2층은 이오니아식, 3~4층은 코린트식 주범으로 전체적인 외부의 통일감 속에서 미묘한 변화를 동시에 추구하였다. 당시 최대 규모의 이 경기장은 타원을 4등분하여 동시에 공사를 진행해서 완공하기까지 5년이면 충분했다. 로마의 볼트구조가 탄생시킨 또 다른 건축물은 공중욕장을 들 수 있다. 로마의 공중욕장은 단순히 목욕만 하는 공간이 아니었고 휴식, 사교, 토론, 강연, 체육 등의 다목적 기능을 제공하여 귀족들의 사교생활 중심지 역할을 했다. 건물 규모부터 100여 미터에 달하는 경우가 많았으며, 욕장이 위치한 실내공간을 넓은 옥외 공간이 에워싸면서 수백 미터의 복합 단지로 구성되었다. 당시 최대 규모를 자랑하던 카라칼라 공중욕장은(AD 212-227) 전체 크기가 350×360m에 달하

고, 약 1,600명을 수용할 수 있었다. 실내공간이 거대해지면서 천장 구조가 중요해졌는데 위용도 갖추면서 흥겹고 장쾌한 공간분위기가 요구되었다. 이런 높은 천장에 웅장한 분위기를 연출하는 데는 볼트가 제격이었다. 배럴볼트의 경우 깊고 둥근 천장이 일직선으로 긴 거리를 달리는 모습은 웅장하고 호쾌한 분위기를 연출하며, 배럴볼트를 직각으로 교차해 만든 그로인볼트는 둥근 천장 네면이 십자가 형태를 이루며 네 방향을 향하기 때문에 균형감과 역동성을 동시에 느낄 수 있다. 카라칼라 욕장의 경우 중앙의 냉탕 상부에는 높이 33m의 대형 교차 볼트 3개를 연속적으로 설치하고, 측면의 아치 형태의 고측창을 통해 빛을 유입하여 거대한 내부공간의 위용을 강조하는 분위기를 갖추고 있다. 이런 거대한 욕장

대리석으로 치장된 화려한 로마의 공중욕장

에는 웅장한 스케일에 맞는 장식적 효과도 중요했는데, 천장과 바닥 벽까지 대리석과 모자이크 문양으로 장식하여 화려함을 극대화했다.

판테온(신들의 집)

당시 로마 시민들은 다수의 신을 섬겼는데, 모든 신을 함께 모시는 신전이라는 의미를 가진 판테온(Pantheon)은 기원전 27년 아우구스투스 황제의 사위인 아그리파를 위해 건립된 후 서기 120년 하드리아누스 황제가 성당으로 개축하면서 돔을 올렸다. 건물 전면에는 코린트 양식의 거대한 16개의 기둥이 삼각지붕을 받치고 있는 그리스 신전의 모습을 갖추고 있지만, 실내에는 기둥 하나 없이 원형의 개방된 천장을 받치고 있다. 내부벽체는 크게 세 부분으로 1층은 신상을 놓는 벽감과 코린트식 기둥이 주요 골격을 이루고, 2층은 장식패널로 마감했으며, 3층은 로마 최고의 발명품인 돔 천장으로 덮었다. 일명 '로툰다'로 불리우는 판테온 내부의 돔 천장은 직경 43미터의 내부벽체 폭과 정확히 일치하고 있다. 로툰다는 여덟 개의 거대한 피어로 지지되고 있으며, 돔의 하중을 줄이기 위해 돔의 내부 천장 표면은 격자형 돌출로 처리하였다. 천장 꼭대기에 있는 지름 9미터의 원형 개구부는 실내 공간에 채광과 환기를 유입하는 역할을 하는데, 개방된 원형으로 유입된 빛은 판테온의 내부 분위기를 더욱 극적으로 만들어 낸다.

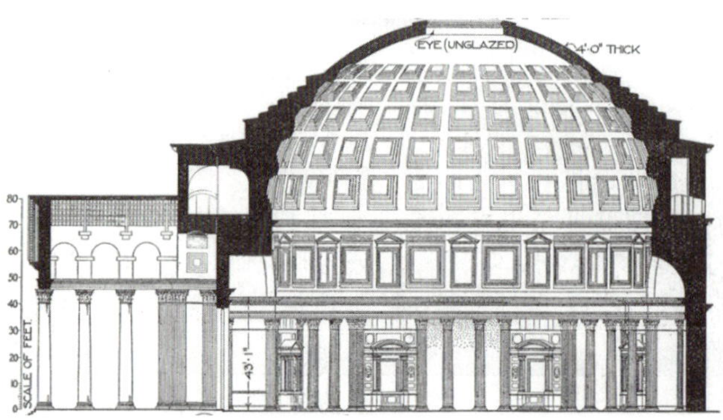

그리스 신전의 형태를 차용한 판테온 외부 파사드

■ 제국의 화려했던 수도 로마(Rome)

로마는 현재 세계의 중심이 아니라 그저 이탈리아의 중심일 뿐이다. 하지만 로마를 직접 방문해 본다면 2000년 전 유럽을 통치했던 화려한 로마 제국의 면모를 확인해 볼 수 있다. 유럽의 세계문화유산 가운데 40% 정도가 로마에 몰려있을 정도로 도시 자체가 거대한 박물관이다. 하지만 현재 로마에 있는 유산은 일부분일 뿐이고, 고대 로마 유적의 상당 부분은 현재 6m 이상 깊은 땅속에 파묻혀 있어 땅을 파내야만 찾을 수 있다. 로마 지하철이 두 개의 노선밖에 없는 이유는 지하에 수많은 유물과 유적이 숨어 있기 때문이다. 로마 시내는 지름 5km 정도의 둥근 원처럼 형성되어 있다. 시내를 휘감으며 북에서 남으로 흐르는 테베레 강을 중심으로 서쪽 지역과 동쪽 지역으로 나뉜다. 서쪽에는 바티칸 시국이 있고, 동쪽에는 팔라티노 언덕을 중심으로 수많은 유적이 흩어져 있다. 로마의 중심부인 베네치아 광장 주위에는 판테온, 포로 로마노, 콜로세움 등이 있고, 남쪽에는 카라칼라 대욕장, 동쪽에는 테르미니 역이 있다.

전 세계 카톨릭교도의 중심지 역할을 하고 있는 바티칸 시국은 1929년 파시스

성 베드로 대성당 지붕 위에서 내려다본 성 베드로 광장

트 정부와 교황청 사이에 '라테란 조약'에 의해 탄생했다. 바티칸 시국은 로마 안에 있는 또 하나의 나라인 셈이다. 바티칸 시국은 0.42km²의 면적에 1,000명도 안 되는 작은 나라지만, 교황청이 위치해 있으며 세계에서 가장 큰 성 베드로 대성당과 르네상스 예술작품의 보고인 바티칸 박물관 등이 자리 잡고 있고, 각국 주재 외교관, 은행, 방송국 등도 갖추고 있다.

성 베드로 대성당은 예수의 열두 제자 중 제1사도로 알려진 베드로가 처형된 자리에 지어진 유서 깊은 성당이다. 100여 년의 건축기간동안 브라만테, 미켈란젤로, 라파엘로 등 당대 유명 예술가들이 설계를 담당했고, 르네상스, 바로크 등 다양한 건축 양식이 적용되었다. 막대한 건축비를 충당하기 위해 면죄부를 팖으로써 종교개혁이 촉발되기도 했고, 무리하게 대성당을 건축하려다가 신교가 득세하면서 도리어 입지가 어려움을 겪기도 했다. 성당 외부의 거대한 돔은 피렌체 대성당 돔을 본떠 만들었고, 르네상스 시대의 유명한 예술가인 미켈란젤로가 담당했다. 성 베드로 대성당 전면의 거대한 광장은 17세기 로마 재개발계획의 일환으로 교황 알렉산데르 7세에 의해 추진되었다. 성 베드로 광장의 타원형 공간은 당시 바로크를 대표하던 시대적 상징의 결과물이었는데, 가로 195미터 세로 140미터에 이르는 거대한 규모다. 타원형 공간의 경계는 회랑 위의 테라스를 떠받치

산탄젤로 성(좌)/성 베드로 대성당&광장(우)

고 있는 도리스 양식 원형 기둥 284개가 기둥 숲을 이루며 에워싸고 있고, 테라스 위에는 140명의 성인상이 있다. 성 베드로 대성당에서 테베레 강쪽 오른편에는 산탄젤로 성이 있다. 하드리아누스 로마 황제부터 카라칼라 황제에 이르기까지 여러 황제가 안치되어 있다. 13세기 교황 니콜라스 3세는 환형 성벽 위에 복도를 건설해 성과 바티칸 시국을 연결했는데, 이 통로로 인해 위험해 처했던 수많은 성직자가 목숨을 건질 수 있었다고 한다. 산탄젤로라는 명칭은 '성 천사'라는 뜻으로, 590년 교황 그레고리우스가 흑사병을 물리치기 위해 기도를 하던 중 미카엘 대천사의 환영을 보고, 성 이름을 짓게 되었고, 그 후 흑사병이 사라졌다고 한다. 르네상스 시대에 지어진 바티칸 박물관은 원래 교황들의 궁전이었으나 현재는 대영 박물관, 루브르 박물관, 피렌체 우피치 미술관과 함께 세계 4대 박물관으로 꼽힌다. 박물관은 정원을 가운데 두고 2층 건물의 긴 회랑과 약 1,400개의 전시실로 구성되어 있는데, 시스티나 성당을 포함해 바티칸 시국 안에 자리잡고 있는 궁전, 미술관, 박물관을 전부 지칭한다. 이곳에는 이집트, 그리스, 아시리아 등 고대부터 현대에 이르는 최고의 예술 작품들이 전시되어 있다. 라오콘, 아폴로 등의 고대조각과 천지창조, 최후의 심판, 아테네 학당, 그리스도의 변용, 성 히에로니무스 등 르네상스 최고의 걸작품들이 있는데, 교황의 예배당으로 쓰이는 시스티나 성당은 미켈란젤로가 천지창조와 최후의 심판이라는 천장화와 벽화를 그린 것으로 유명하다. 당시 교황 율리우스 2세의 청으로 마지못해 작업을 수락한 미켈란젤로는 4년 동안 시스타나 성당에 살다시피 하면서 1512년 '천지창조'를 완성했는데, 그림을 그리느라 자신의 등이 굽어져 있는 사실도 천장화가 완성된 후에나 알았을 정도로 그림에 몰두했다고 한다.

콜로세움 맞은편 언덕의 건너편, 팔라티노 언덕과 캄피돌리오 언덕 사이의 평지에는 고대 로마 제국의 중심지였던 포로 로마노가 있다. 공공 광장을 의미하는 Foro에서 Forum이라는 말이 유래했다고 한다. 포럼은 그리스의 아고라와 유사한 특성을 갖춘 로마 시민들의 경제, 생활을 위해 자생적으로 형성된 광장인데, 대중주의 정치를 전개하던 카이사르가 시민들의 도시 생활을 돕기 위해 개발했다고 해서 카이사르 포럼이라고도 불린다. 이후에 황제들이 인위적으로 만든 임페

바티칸 미술관 외부 전경(좌)/시스타나 교회 천장화: 미켈란젤로의 천지창조(우)

리얼 포럼이 서로 마주보며 로마의 도심 형태를 형성하고, 궁전과 법정, 신전, 개선문 등의 로마 고대 유적이 밀집되어 있다. 포럼은 일반 시민이 자유롭게 물건을 거래하는 시장과 오락의 중심지였으나 시간이 지남에 따라 사원, 행정 공회당, 전쟁에서 승리한 로마 장병들을 맞이하는 기념비적인 장소로서 위엄을 갖추

포로 로마노

게 되었다. 공화정 시대에 포럼은 정치의 상징이 되면서 시민들에게 위엄을 갖출 목적으로 대규모 공공 공간이 건설되었다.

로마 전성기 시절에 발달된 수로 시스템으로 인해 광장과 분수가 곳곳에 지어졌고, 로마의 유명한 삼거리 골목 한가운데 트레비 분수가 있다. 교황 클레멘스 13세는 분수 조각 설계를 공모했고 니콜라 살비의 작품이 트레비 분수로 배치됐다. 바로크 후기 양식을 갖춘 이 분수 조각은 개선문을 본뜬 벽화를 배경으로 반인반수인 트리톤이 이끄는 전차 위에 바다의 신 넵투누스가 거대한 조개를 밟고 서 있다. 트리톤은 양쪽에서 해마를 다루고 있는데, 한 마리는 난폭하고 한 마리는 유순한 표정인데, 거친 바다와 평온한 바다의 두 얼굴을 상징하는 듯하다. 트레비 분수 바닥에는 관광객들이 던진 많은 동전이 남아있는데, 등진 채 동전을 던져 한 번 분수에 들어가면 로마를 다시 방문하게 되고, 두 번 들어가면 원하는 사랑을 이루게 된다는 전설이 전해 내려오고 있다. 트레비 분수에서 골목길을 빠져나오면 스페인 광장이 나온다. 17세기 교황청 스페인 대사관이 이곳에 위치해 있어 스페인 광장이라 불리게 되었고, 당시 스페인 군대가 이 길을 지나는 사람들을 강제로 징집하는 일도 있었다고 한다. 광장 중앙에는 언덕 위의 성 삼위일체 교회로 오르는 137개의 계단이 있는데, 영화 '로마의 휴일'에서 배우 오드리 헵번이 계단에서 아이스크림을 먹는 장면은 많은 사람들에게 강렬한 인상을 남

바로크 양식의 트레비 분수 조각벽체(좌)/스페인 광장(우)

졌다. 계단 아래쪽 광장의 분수 조각상은 교황 우르반 8세가 베르니니에게 의뢰한 작품이다. 홍수가 났을 때 스페인 광장까지 떠내려온 배를 떠올리며 이 조형물을 만들었다고 한다.

■ 로마 제국 전성기 시대의 로마인의 삶

로마 제국의 최전성기는 트라야누스 황제 시대에 이루어졌다. 당시 수도의 인구가 약 100만 명에 달했는데, 그중 많은 수가 외국인 노예였다. 당시 노예들은 귀족의 시중을 들거나 비천한 일에 종사하는 경우도 있었지만, 대부분 비서나 사무원, 회계사, 가정교사, 작업장의 관리자와 노동자 등으로 일했다. 노예는 팁이나 선물로 받는 돈을 저축하여 자유를 사서 자유민이 되거나 돈을 벌수도 있었다. 노예 중에는 자유민보다 훨씬 편안하게 살았던 이도 많았다고 한다.

돈이 없는 자유민들은 오늘날의 임대 아파트 단지인 인슐라에 살았다. 좁은 길에 건축된 인슐라는 높이가 6층이나 되는 것도 있었다. 로마 시내의 건축물 중 대형 공회당과 신전, 시장, 원형경기장, 공중목욕탕, 극장, 황제의 정원 등이 많은 면적을 차지했으며, 좋은 환경에서 살 처지가 안 되는 사람들이 비좁은 인슐라에 거주했다.

최소한 인슐라는 걸어서 일터로 갈 만한 거리에 위치했고, 외관상으로는 쾌적해 보였다. 각 층마다 발코니가 밖으로 나와 있고 난간 위에는 테라코다 화분이 장식되었으며, 건물 정면은 타일과 모자이크로 장식되어 있었다. 건축 상태가 부실했던 인슐라는 건물 군데군데가 무너져 내리는 경우가 적지 않았다. 방들은 어두컴컴하고 환기도 잘 안되었고, 위층으로 올라갈수록 사정은 더 좋지 않았다. 꼭대기 층은 여름에 무더웠고 겨울에는 몹시 추워서 난방을 위해 이동용 난로에 불을 지펴야 했다.

고대로마의 서민공동주택: 인슐라

로마에는 8개의 수로를 통해 매일 2억 리터 이상의 물이 공급되었다. 공중목욕탕이나 로마시 전역에 있는 600개의 공공 분수에는 언제나 물이 넘쳐 흘렀고, 부자들의 개인주택에 꾸며진 욕실과 부엌, 정원 분수에도 물이 충분히 공급되었다.

그러나 인슐라와 같은 서민주택에는 수도관이 직접 연결되지 않아 주민들은 거리의 분수에서 양동이로 물을 길어오거나 물장수가 배달해주는 물을 사서 사용해야만 했다. 기원전 6세기 이후 로마의 배수관은 규칙적으로 확장, 개선되었지만 인슐라의 위층까지는 연결되지 않았다. 주민들은 오물이 담긴 용기를 아래층까지 들고 와 지하실의 구덩이나 인근 웅덩이에 비워야 했다. 대다수의 위층에 거주하는 주민들은 분비물이 담긴 항아리를 아래 거리로 던져버리곤 했다. 쓰레기통도 집어던지곤 했다. 로마에는 거리를 청소하고 청결을 유지하는 부서가 있었지만, 개인 저택이나 아파트의 쓰레기를 수거하는 임무까지 맡지는 않았다. 다행히 빗물과 공중목욕탕의 하수가 지하배수관으로 잘 빠져나갔고, 시내 곳곳에는 관리가 잘되는 공중화장실이 있어서 겨울에도 따뜻하고 빠르게 흐르는 물로 오물이 잘 씻겨 나갔다.

로마에 거주하는 서민들의 방은 오늘날과는 비교할 수 없을 정도로 열악하고 불편했기 때문에 거리에서 시간 보내기를 좋아했다. 거리에서 상인들은 여러 가지 상품을 진열했으며 아이들은 수업내용을 암기하며 돌아다녔다. 행상은 물건을 사라고 소리를 질러댔고 푸줏간 주인, 마술사, 곡예사, 기능공, 식품을 파는 상인 등이 거리에 흥밋거리를 제공했다. 이발사는 당시 유행하는 스타일에 따라 철제 가위로 머리를 깎고 염색했고, 면도칼로 비누도 바르지 않은 채 턱수염을 깎아 주었다.

고대 로마의 거리는 비좁고 어둡고 구불구불했으며, 길 양편으로 늘어선 인슐라와 같은 높은 건물 때문에 볕이 잘 들지 않았다. 가장 넓은 거리도 폭이 6m 정도였으며, 대부분 도로의 폭은 5m 미만이었고, 채 2m가 안 되는 곳도 있었다. 모든 도로가 포장되었거나 인도가 따로 있는 것은 아니었다. 마차들은 진흙에 빠졌고, 거리에 이름이 없는 경우가 대부분이고 건물에도 번호가 전혀 없어서 사람들은 길을 찾는 데 애를 먹었다. 로마시내의 서민들이 거주하는 건물 사이에 낀 도로는 보통 무거운 짐마차 소리와 인파가 북적대어 사람들이 내는 소리로 항상 시끄러웠다.

로마 귀족들의 식사는 보통 3~6시간 정도 느긋하게 진행되었는데, 10시간이나 걸리는 경우도 흔했다. 메인 요리는 보통 7가지 이상이었는데, 굴, 송로버섯, 달팽이, 성게, 바닷가재와 거위간, 숭어, 가자미, 칠성장어, 송아지, 꿩, 아스파라거스 등이 주로 차려졌다. 요리에 곁들이는 포도주는 시칠리아나 팔레르니아 또는 에게 해의 기오 섬에서 수입한 그리스산을 애용했다.

식사가 진행되는 동안 식사용 튜닉을 걸친 손님들은 마루에 침을 뱉거나 트림을 하면서 노예의 시 낭송이나

악사들의 유흥을 즐겼다. 어느 정도 배가 불러오면 방으로 들어가 토하거나, 노예에게 암포라를 가지고 오게 해서 기대어 토해서 위를 개어낸 후에 또 다시 새로운 음식과 음주를 이어나갔다.

식사 후에는 모여앉아 이야기하거나 보드게임과 주사위놀이를 했고, 시내에 있는 공용목욕탕으로 갔다. 로마 제국의 여러 황제들이 시민에게 지어준 목욕탕은 넓은 홀과 침실, 앉아서 땀 흘리기 위한 수다토리아 등이 구비되어 있었다. 로마 시대의 목욕탕은 남, 여가 만나서 대화와 수다를 즐기고 게임하고 레슬링하는 장소였다. 도서실과 전시실이 있었고 산책로에는 예술 작품이 즐비했다. 카페도 있었으며 여자 방에는 미용실도 있었다.

로마 시민을 위한 가장 큰 볼거리는 티투스 황제 시대에 완성된 높이 57m의 거대한 원형경기장 '콜로세움'에서 열렸다. 이곳에서는 검투사들의 격투와 야생동물의 쇼 그리고 일부 종교 교파사람들을 공개 처형하기도 했다. 당시의 로마인들은 짐승이나 사람들이 경기장에서 죽는 모습에 격렬한 스릴을 느끼며 열광하였다.

원형극장에서 벌이는 격투는 에트루리아에서 유래한 것이다. 에트루리아인들은 죽은 이를 달래기 위해 사람과 동물을 희생물로 삼았다. 그러나 이러한 종교적 희생의 의미는 대부분 희석되었고, 로마 정부는 시민에 대한 유화정책의 일환으로 격투를 이용했다. 시민 중에는 직업이 없는 자들이 많았기 때문에 정부는 이들에게 정기적으로 유흥거리를 제공하고 무료급식을 시행했다. 원형경기장의 많은 관객들 앞에서 검투사들은 자신의 영광과 군중의 찬사를 위해 겨루었는데, 로마 정부는 거대한 원형경기장에 사람들이 모이는 것이 황제와 그의 백성이 더 가까워질 수 있는 기회라고 여겼다.

경기는 검투사, 범죄사, 전쟁포로, 명성을 얻거나 여자들의 찬미를 얻기 위해 스스로 위험한 직업을 택한 자들의 행진으로 시작되었다. 이들은 자주색과 황금색의 망토를 걸치고 전차를 타고 경기장을 돌았으며, 무기를 든 노예들이 그 뒤를 따랐다. 그들은 황제의 자리를 향해 행진하면서 오른팔을 들고 '폐하 만세! 곧

죽을 저희가 문안드립니다'라고 외쳤다. 이 행진이 끝나면 뒤늦게 도착한 사람들이 76개의 입구를 통해 지정석으로 서로 밀치고 올라가는 동안, 광대, 불구자, 난쟁이, 뚱보 여인 등이 곧 시작될 생생한 죽음의 결전을 풍자하여 나무칼이나 가죽칼을 휘두르며 희극을 연기했다. 검투사들은 거의 벌거벗거나 갑옷을 입었고, 대부분 무거운 칼과 단도를 들었으며, 창이나 심지어 삼지창으로 상대를 죽이기에 앞서 옭아맬 그물을 준비한 자들도 있었다. 검투사가 상처를 입고 쓰러졌을 때 황제가 그 자리에 없다면 그의 운명은 상대에 의해 결정되지만, 그렇지 않은 경우에는 황제의 엄지손가락이 위로 향하느냐 아래로 내려지느냐 — 위로 향할 때는 처형의 중지를, 아래를 향할 때는 사형의 집행을 — 에 따라 정해진다. 판결의 순간까지 흥분한 관객들은 제각각 '살려라, 죽여라'를 마구 외쳐댄다. 사형 선고가 내려지고 치명적인 일격이 가해지면 지하 세계의 뱃사람 카론으로 분장한 시종이 뜨거운 인두를 그의 뺨에 대서 죽은 척하는 것은 아닌지 확인하고 그의 머리에 최후의 일격을 가했다.

검투사의 격투 외에 야생동물의 쇼도 벌어졌다. 제국의 식민지에서 공수해온 수천 마리의 표범과 곰, 호랑이, 사자, 낙타, 사슴이 경기장 지하의 미로 같은 작은 방들에서 뛰쳐나와 놀림을 받고 채찍질을 당하면서 울부짖었다. 전문 조련사들은 어떻게 하면 짐승을 가장 사납게 만들어 피에 굶주린 관객을 만족시킬까 끊임없이 노력했다. 티투스 황제 시절에는 하루에 5,000마리나 되는 짐승들이 도살되었다고 전해진다. 또한 일부 종교 교파 사람들이 희생되기도 했다. 이들을 말썽을 일으키는 외국인으로 여기고 그들의 배타성과 기이한 예식, 카니발리즘 등을 멋대로 추측하였던 로마인들은 그들이 경기장에서 죽는 것을 보면서 열광하였다. 그들은 기독교인들이 굶주린 사자들에게 잡아먹히고 태양신의 우상 앞에서 산 채로 불태워지거나 화살에 찔리고 칼에 베이는 것을 지켜보았다. 디오클레티아누스의 통치 기간 동안 이렇게 죽은 이가 3,000여 명 이상이었으나 기독교의 기세는 수그러들지 않았으며, 결국 콘스탄티누스는 지도층의 심기를 건드리지 않는 범위에서 기독교에게 혜택을 주기 위해 고심했다. 로마의 외곽지대에 예배를 드리고 죽은 이를 매장하고 순교자를 경배할 수 있게 건물을 제공했다. 콘스탄티누스는 로마를 완전히 기독교화하는 데는 실패했고, 대부분의 가정에서 뿌리 깊은 이교도적 신앙이 여전하다는 점을 인정해야 했다. 그는 새로운 수도를 모색했으며, 그가 죽은 후 로마는 쇠퇴하기 시작한다.

III. 비잔틴 시대 & 건축

■ 역사적 배경

동로마 & 서로마 분열: 2세기 말 로마 제국은 여러 가지 위기를 겪게 되는데, 수세기에 걸친 게르만족의 이동으로 국경의 방어망이 뚫려 소동이 벌어지고, 제국 내부의 경제 쇠퇴현상과 더불어 도적떼가 횡행하여 사회 분위기가 살벌해졌다. 곧 멸망할 것처럼 위태로운 로마 제국은 두 명의 황제가 등장하여 잠시나마 혼란과 무질서를 수습할 수 있었다. 디오클레티아누스(284~305)는 황제자리를 놓고 서로 싸우는 것을 막기 위해 제국을 넷으로 나눈 뒤, 두 명의 정제와 두 명의 부제를 두는 4인 체제로 구조 개편한다. 또한 수도 및 국경 방위 상비군의 설치,

콘스탄티누스 대제의 기독교 승인

증세 등의 새로운 통치제제와 보완적 조치를 마련하였고, 헬레니즘 문명의 본산지인 동부 소아시아의 니코메디아로 이동하여 로마 제국의 권력 중심을 서부에서 동부로 이동하였다. 로마는 제국의 수도라는 공적 지위를 상실하게 되는데, 외부 위협에 대한 방어와 문화적, 경제적으로 서부보다 우위를 지닌 헬레니즘 문명의 본산지에서 제국의 부흥을 꾀했다. 서기 312년 콘스탄티누스(306~337)는 독자적인 황제의 권리를 주장하는 막센티우스와 최후의 일전을 벌이게 된다. 꿈속에서 십자가를 본 콘스탄티누스는 하늘의 계시를 받았다고 생각했고, 그의 병사에게 예수의 표식을 새겨 넣도록 하여 막센티우스를 전투에서 격파하고 서로마 제국의 정식 황제로 등극한다. 이 일을 계기로 313년 동로마 제국의 리키니우스 황제와 함께 그리스도교를 정식 종교로 인정한 밀라노 칙령을 발포한다. 내심 밀라노 칙령이 마음에 들지 않았던 리키니우스는 동로마 제국에서 그리스도교를 박해하자 콘스탄티누스는 리키니우스를 몰아내고 324년 단독 황제에 오른다. 콘스탄티누스는 그리스도교 세력을 이용해 자신의 권력을 안정적으로 다지려 했지만, 다신교의 나라였던 로마에서는 그리스도교를 받아들이는 데 많은 어려움이 뒤따랐고, 로마의 통일을 목적으로 다른 종교를 선택할 수 없게 니케아 신조가 채택되었다. 로마에서는 더는 다른 종교를 선택할 수 없게 된 이 사건으로 인간 중심에서 신 중심의 사회로 바뀌게 되면서 유럽에는 중세 암흑기가 닥친다. 또한 로마 고유의 정신이 외래 종교로 말미암아 퇴색됨으로써 국가 통합을 위한 충성도가 낮아졌다.

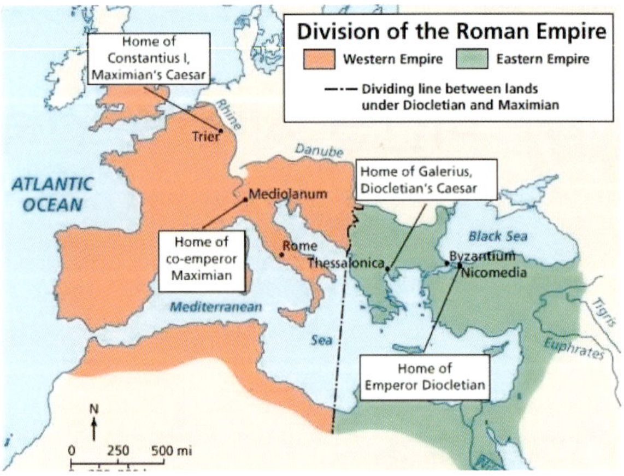

동로마/서로마로 분열된 로마 제국

콘스탄티누스 대제는 330년 수도를 천혜의 요소인 비잔티움으로 옮기고, 도시 이름을 자신의 이름을 딴 '콘스탄티노플'로 바꾸었다. 동로마와 서로마로 양분된

후 두 지역은 서로 다른 역사와 문명을 전개하였다. 서로마는 잠시나마 개혁으로 안정과 평화를 되찾은 듯했지만, 이미 곪을 대로 곪은 경직된 정치구조와 부패, 무기력이 지배하는 암울한 사회가 되어버렸다. 게르만족의 침입은 곧 재개되었고, 제국은 이를 막을 능력이 없었다. 연이은 반달족, 서고트족의 침입으로 로마는 철저히 파괴되고 476년 멸망하게 된다. 서로마는 이후 이전과 같은 통일된 국가 없이 정치적 혼란기를 전개하였던 반면, 동로마는 고대 로마 문명을 바탕으로 동양적 요소를 수용하여 '비잔틴'이라 불리우는 독자적 역사와 문명을 1453년 멸망할 때가지 전개하였다. 멸망 이후에도 지속적으로 고대 로마 문명을 계승하였던 서로마와 달리 동로마는 고대 로마 문명에 동양적 요소를 가미하여 비잔틴으로 지칭되는 독자적 역사와 문명을 이어나갔다.

유스티니아누스 황제

유스티니아누스 황제와 비잔틴 제국의 전성기: 527년 동로마 황제에 오른 '유스티니아누스' 대제는 과거 로마 제국의 부흥과 황제의 영광 재현을 의도하여 교회를 건설했고, 일시적이나마 로마 제국을 재통일하여 로마 법전을 정비하고 편찬했다. 그리스를 포함한 동유럽 지역, 이탈리아 반도, 아나톨리아 반도, 북아프리카 지역을 정복하여 과거 로마 제국의 영토를 대부분 확보하며 전성기를 누린다.

자신의 재위기간 동안 콘스탄티노플(이스탄불)에만 30여채의 교회를 지었다는 기록이 있는데, 그중 가장 대표적인 것이 '하기아 소피아성당'(532~537)이다. 이 건물은 서방 가톨릭을 대표하는 교회 평면유형인 '라틴 크로스'와 차별화되는 '그릭크 크로스' 평면유형을 갖추었으며, 당시 최첨단 구조기술이었던 펜던티브 돔을 창출해낸 거대한 규모를 자랑했다. 유스티니아누스 황제의 지시 아래 우수한 장인들과 물리학자, 수학자 등과의 협업을 통해 당시 완성된 최첨단 시공기술은 이후 1000년 가까이 많은 서방의 건축물에 영향을 끼치게 된다. 유스티니아누스 황제 이후 비잔틴 제국은 주변국의 잦은 침략으로 영토가 축소되고 정치적 혼란기를 맞는다. 11세기 이후에는 십자군 원정으로 비잔틴 제국이 지배와 약탈 수단으로 변질되어 서유럽과의 관계를 악화시킨다. 근근이 명맥을 유지하던 비잔틴 제국은 결국 1453년 오스만 튀르크에 정복되어 멸망된다.

하기아 소피아 대성당

Tip 게르만족의 이동

농경생활의 비중이 커지자 기원전 2세기를 전후로 따뜻한 기후와 비옥한 땅을 찾아 남쪽으로 이동하면서 고대 로마와 군사적으로 충돌하기 시작. 4세기 말 아시아의 유목민 훈족이 서쪽으로 진출하면서 이에 밀린 서고트족이 라인강과 도나우강을 건너 고대 로마 영토로 진입한 후 여러 부족이 본격적으로 침입 · 정착하였다. 이와 같은 게르만족의 이동은 6세기 말까지 지속되며, 결과적으로 로마를 멸망시키는 데 결정적 역할을 한다. 이후 로마 제국의 조직이나 제도는 대부분 사라졌으나, 일부는 새로운 환경에 융합되었는데, 로마의 법·제도는 게르만족의 다양한 체제 속에 수용되었다. 그러나 교역과 이동이 불필요한 자급자족 형태의 공동체 사회로 로마의 전통적인 도로 체계와 도시가 붕괴되었고, 농장, 수도원, 몇몇 궁전을 제외한 나머지는 완전히 사라져 버렸다.

■ 비잔틴 시대 건축

주택교회와 카타콤: 기독교가 정식으로 승인받지 못했던 시기에는 예배를 위한 새로운 건축이 불가능하였기에 개인주택을 교회로 개조하거나 카타콤이라 부르

는 지하 공동묘지를 예배시설로 사용했다. 주택교회는 크게 도무스와 인슐라, 두 종류로 나눌 수 있는데, 도무스는 주로 부유층을 위한 개인주택이고, 인슐라는 도심의 집합주택이다. 당시의 기독교 탄압 속에서 감시의 눈길을 피하기 위한 어쩔 수 없는 고육책이었다. 초창기 교회에서 필요했던 기능은 집회, 세례, 식사, 교육 등이었는데, 당시 도무스라는 주택을 개조하여 사용하기에 적합했다. 기독교는 부활과 사후 구원을 믿기 때문에 화장보다 매장을 장려했는데, 평신도들의 묘지 사이에 공간을 넓히고 특별한 건축 처리를 하는 등 특화 처리했다. 당시 로마는 지하시설이 발달했는데, 여러 종류의 지하 공동묘지가 있었다. 카타콤 내부는 지하에 여러 층을 이루면서 종횡(縱橫)으로 뚫린 갱도(坑道)를 파서 주위 벽면 곳곳에 사자(死者)를 모시는 감실(龕室)을 배치하고, 여기저기 광장을 만들어 이곳을 그들이 예배장소로 사용하였다. 벽이나 천장은 벽화나 부조를 이용하여 장식하고 있었다. 카타콤은 탄압이 절정에 달하던 2~3세기에 형성되기 시작해서 5세기 이후에는 사라졌다. 주요 카타콤들은 몇백 미터, 심지어 수 킬로미터에 걸쳐서 복잡한 미로를 형성했는데, 가장 깊은 영역은 지하 7층에 이를 정도였다.

지하예배공간 & 카타콤

초기 기독교 건축

기독교가 로마 사회에 자리 잡아가는 초기 과정에 나타난 기독교 건축 양식으로, 3~6세기에 로마, 에게해 연안, 소아시아, 아라비아 반도 등에 세워진 기독교 건축을 총칭한다. 당시 서유럽은 정치적 혼란기이자 경제적 침체기로 새로운 건물의 개발이나 사회적 자본이 매우 미약했다. 하지만 기독교 관련 건축은 상대적으로 활발히 전개되었는데, 4세기 초 기독교가 정식으로 인정되자 고대 로마 건축 양식을 바탕으로 기독교 사회에서 요구하는 새로운 건물유형이 발달하게 된다. 그러나 기독교 초창기에는 탄압으로 독자적인 건축 양식을 시도할 충분한 시간적 여유가 없었기에 로마의 바실리카 양식을 사용하여 목적에 맞게 변형해 사용하게 된다. 바실리카는 로마 시대 시민들의 도시생활을 종합적으로 담당하던 건물 양식으로 교회의 집회기능을 담당하는 건축 양식이다. 당시 교회는 이전의 고대 그리스나 로마 신전과 같은 신이 머무는 장소가 아니라 예배를 드리는 집회 장소로의 새로운 기능이 필요했기 때문에, 이전 종교건축을 계승하지 않고 새로운 형식을 추구하였다. 기독교의 교세 확장보다 경제적 능력은 빈약하여 새로운 양식을 개발하는 것은 불가능하여 로마 시대 정치, 행정, 사법 등 다목적 공공집회용 건물이었던 바실리카를 주목하고, 이를 원형으로 새로운 교회를 창안하였다.

바실리카 교회는 일명 장축형 교회라 지칭되었으며, 전체적으로 평면형태가 라틴 십자가와 유사하며, 직사각형 공간을 종 방향으로 3등분해서 중앙과 측면으로 공간효율을 높였으며, 천정은 목조로 마감하여 검소한 특성을 갖추었다. 전체 평면은 장축(긴 직사각형)형태로 중정(atrium), 전실, 신랑(nave), 측랑(asile) 등으로 구성되었으며, 중앙공간인 신랑(nave)은 고참 신도석으로 가장 높은 천정(2층 높이)으로 구성되었고, 양측면 공간인 측랑(asile)은 신참 신도석으로 열주(기둥)에 의해 신랑과 공간이 구분되며, 낮은 천정(1층 높이)으로 구성되었다. 내부공간은 신랑 상부 양측 벽면에 형성된 고측창을 통하여 채광할 수 있게 하였고, 상부로부터 비추어지는 빛은 공간의 상승감과 신비감을 유발해 자연스럽게 종교적인 분위기를 형성하였다. 전실로부터 신랑을 거쳐 제단에 이르는 긴 수평축에 의한 방향성과 연속성, 높은 상부로부터의 채광에 의한 종교적 분위기 형성은 이후 중세 시대 교회 건축에도 승계되어 영향을 끼치게 된다.

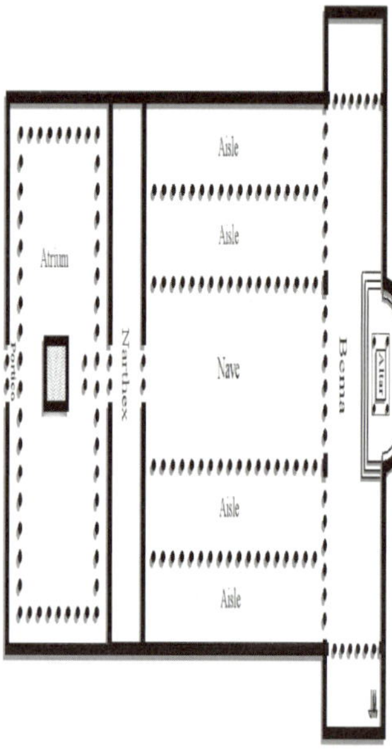

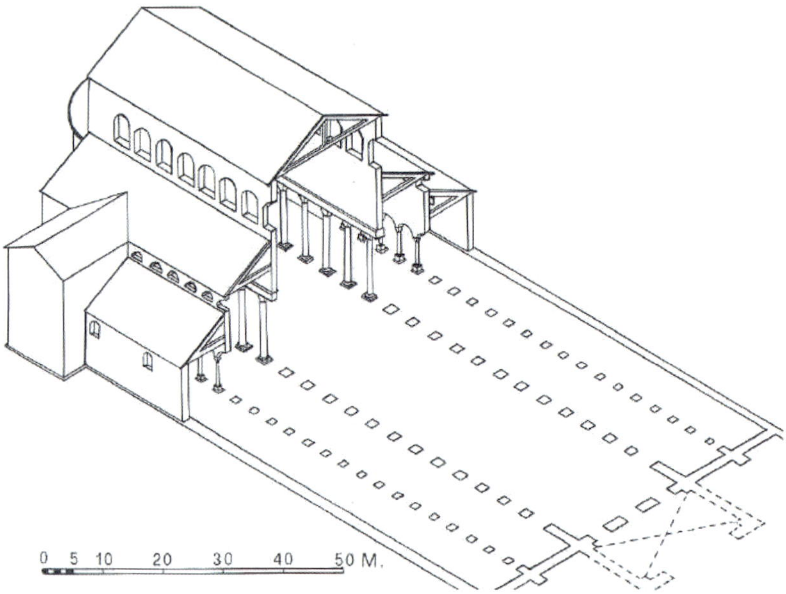

바실리카식 성 요한 교회(313)

최초의 바실리카 교회는 313년에 지어지기 시작한 성 요한이었다. 물비안 교전투의 승리를 기념하기 위해 지어진 교회로 5랑식이었는데, 바깥쪽 아일은 아케이드로 처리했다. 지붕은 가장 단순한 형태의 노출 목조 트러스로 제작됐으며, 기둥은 석재로 처리하고, 벽체는 벽돌 마감의 소박한 분위기의 건물이었다. 바실리카 교회는 현대에 이르기까지 가톨릭 교회의 모태 역할을 담당했는데, 작은 규모인 경우 바실리카 교회의 구성을 그대로 사용하는 경우가 많았다. 5세기에 접어들면서 바실리카 교회에 다양한 실험이 시도되었다. 네이브와 아일 사이에는 콜로네이드와 아케이드가 모두 쓰였고, 아일 천장 위로 천측창을 뒀는데, 창은 아래쪽 오더 열과 분리되었고, 이 구획의 벽체는 모자이크 성화를 그리는 바탕면이 되었다. 시리키우스는 384년 교황에 취임하자 성 밖의 성 바오로 증축공사를 시작해서 400년경 완공했다. 안마당과 전실을 배치했으며, 전체 크기는 가로

성 밖의 성 바오로 교회 내부

97m, 세로 72m에 달했다. 이 교회는 구 성 베드로와 함께 로마 초기 기독교 건축을 대표했다. 로마 사회에 기독교가 자리 잡고 여러 지역으로 전파하는 데 결정적인 역할을 했으며, 초기 기독교 교회치고는 큰 규모로 지어졌다.

카타콤에 있던 매장시설이 더는 지하에 머물 필요가 없게 되면서 주요 인사의 무덤을 초점으로 삼는 단독 교회건물이 나타나게 된다. 바실리카식 교회는 당시 대규모 예배기능을 갖춘 집회 위주의 교회로 건축되었던 반면, 순교자 무덤을 내부에 갖춘 상징성과 기념성이 요구되는 교회공간이 요구되자 넓은 홀의 내부공간 대신 무덤을 중심으로 동심원 구성을 갖춘 중앙집중형 교회가 나타나게 된다. 이런 유형의 대표적 교회는 밀라노의 산 로렌초(AD 370)이다. 지름 33여 m의 사엽형을 기본 윤곽으로 삼아 중심공간과 복도를 분리했는데, 완전한 원이 아닌 사엽형 평면을 기본으로 하고, 네 귀퉁이는 부분 사각형이 돌출하는 형태를 갖췄다. 지붕은 팔각형 돔으로 덮고, 건물 서쪽에는 열주마당으로 처리한 안마당이 위치하고, 나머지 세면에는 팔엽형, 팔각형, 십자가형, 타원형 등의 다양한 원형공간들을 부속시켰다. 이런 공간들이 어우러지면서 바실리카 교회 공간구성과는 전혀 다른 공간형태를 갖춘 중앙집중형 교회의 기틀이 다져졌다.

중앙집중형 산 로렌초 교회

비잔틴 건축

서로마가 멸망한 이후 9세기경까지 서유럽에서는 건축의 발전이 정체되는 시기를 맞이한다. 그러나 이 시기의 공백을 메울 수 있었던 건축적 발전이 비잔틴 제국에서 이루어졌는데, 이곳에서 고대 로마 제국의 문화예술을 바탕으로 헬레니즘의 전통과 지리적 이점에 기반을 둔 페르시아 제국의 동양적 요소를 적극적으로 수용하여 동양과 서양 문화예술이 혼합된 독자적인 절충 양식이 탄생한다. 또한 게르만족의 침입으로 도시가 쇠퇴하고 농촌 중심 사회로 회귀한 서유럽 지역과 달리, 동로마는 지중해를 중심으로 상업을 활발히 전개하여 경제적으로도 풍요로웠던 지역이다.

비잔틴 건축은 로마 제국과 서아시아의 사라센 건축 양식을 통합함으로써 괄목할 만한 발전을 이루게 된다. 로마에서 계승한 벽돌 및 콘크리트 구조공법과 사라센 제국의 돔 축조법을 결합하여 새로운 구조방식을 창안하였다. 로마 시대의 대표적 돔 건축물인 판테온 신전은 원형공간을 돔으로 덮고 있으나, 원형평면을 갖춘 공간은 사용 측면에 많은 제한이 따른다. 비잔틴 건축에서는 공간 활용도가 높은 장방형, 정방형 평면을 갖춘 건물에 돔을 올리는 방안을 시도했으며, 이를 통해 다양한 형태의 평면을 갖춘 건축을 탄생시켰다. 이 시기에는 벽돌 조적 공법이 발달했는데, 무한한 단위재의 조합으로 변화 있는 기하학적 형태를 이룰 수 있는 공법상의 물리적인 특성으로 건축가들은 다양한 형태의 건축물을 실현할 수 있게 되었다. 특히 고대 로마의 아치, 열주 등의 전통적 조적기법에 동양의 돔 기법을 결합해 펜던티브 돔을 개발하였는데, 정방형 평면의 정사각형 중심공간에 원형 천장인 돔을 얹는 새로운 기술이다. 로마 시대 판테온을 통해서 완전한 반구를 만드는 돔을 완성했으나, 원형 평면이 아닌 정사각형 평면에 돔을 얹는 것은 한 차원 높은 새로운 기술을 요구했다. 평면과 지붕의 형태가 다를 경우 많은 문제점에 봉착하게 되는데, 이것을 해결한 것이 펜던티브 돔이었다. 펜던티브는 정사각형 평면에 원형 돔을 얹기 위해 정사각형 평면에 내접하는 작은 원형 평면 사이의 삼각형 모양의 원호 곡면 조각을 지칭한다. 이는 고도의 기하학적 계산의 산물로, 비잔틴 문명의 발달된 물리, 수학, 기하학 등의 뒷받침이 있었기에 가능했다.

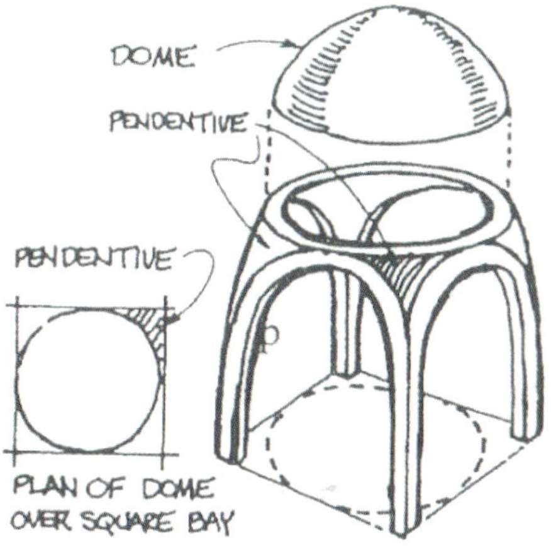

비잔틴 건축이 창안한 펜던티브 돔

하기아 소피아 대성당(532~537)

펜던티브 돔을 이용한 비잔틴 건축의 대표 사례는 단연 하기아 소피아 대성당이다. 장방형의 긴 평면 위에 거대한 돔을 축조한 최고 수준의 건축으로서, 콘스탄티누스 황제가 계획한 성당이 내란으로 파괴된 후, 유스티니아누스 황제가 같은 자리에 새롭게 축조한 건축물이다. 소피아 성당은 건축적으로 매우 정교하며 전체적인 외관은 단순한 인상을 지니고 있다. 돔의 원리를 장방형 사각형 건물에 응용한 소피아 성당은 중앙 펜던티브 돔 하부 4개의 거대한 기둥을 중심으로 주위의 기둥과 상부가 유기적으로 연결되는 대규모 구조체를 형성하며, 중앙 펜던티브 돔과 양쪽에 각각 1/2 반구형 돔이 결합된 독특한 형식의 지붕구조체를 형성한다. 돔의 둥근 원둘레를 그 아래 기둥의 정사각형에 맞추기 위해 기둥 위에 거대한 아치를 올려 세웠고, 아치들 사이에는 석조물로 채워진 곡면의 삼각형 펜던티브가 등장하게 된다. 소피아 성당의 돔은 직경이 32m이며, 바닥으로부터 꼭대기까지의 높이는 약 54m에 달한다. 돔의 가장자리에는 수많은 창문이 나 있어서 돔은 마치 떠받쳐 주는 지주 없이 공중에 붕 떠 있는 것처럼 보이는 시각적 효과를 연출하는데, 장엄함과 동시에 섬세한 처리가 돋보이는 경탄스러운 힘을 지닌 건축 구조이다.

실내는 석조 구조로서는 당시 세계 최고 크기의 거대한 단일공간으로 나타났는데, 공간의 확산과 부유라는 이전의 서양 건축에 없던 새로운 공간개념을 제시했다. 원의 기하학적 완결성을 돔을 통해 나타내면서 평면은 확산된 공간분위기를 연출하는 새로운 공간개념이었다. 내부는 돔과 벽에 창을 뚫어 채광하였으며, 다양한 색상의 대리석과 모자이크로 화려하게 장식되어 있다. 풍부하고 장식적인 디테일은 전체적으로 장중하고 간결한 의장과 감탄할 만한 대조를 이루는데, 이것이 가장 화려하고 신비한 분위기의 비잔틴 건축으로 보이는 특징이다.

산 비탈레(526~540) 중앙집중형 교회

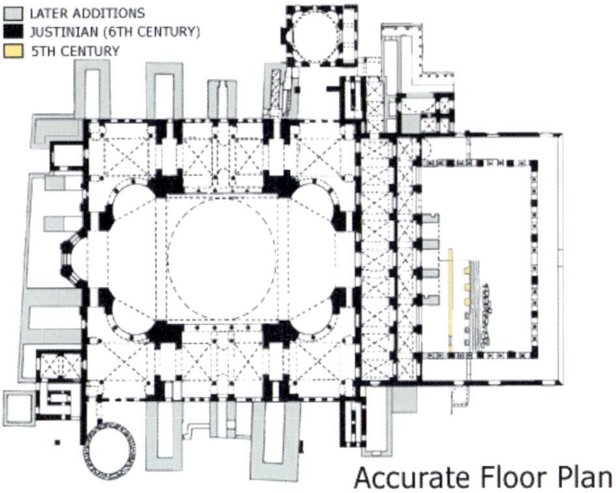

비잔틴 제국은 전성기 시절 동로마의 후신 자격으로 서유럽에 자주 침략을 감행했다. 산 비탈레 교회가 있는 라벤나는 서방 침략의 전진기지였으며, 장축형의 바실리카식 교회가 주를 이루었던 서유럽 지역에는 중앙집중형 평면의 비잔틴 건축물을 많이 짓지 않았는데, 산 비탈레는 베네치아의 산마르코와 함께 서유럽의 비잔틴 건축을 대표한다. 서유럽의 바실리카식 교회가 행렬 등 제식에 맞는 직사각형의 선형 공간이지만, 동방의 비잔틴 교회는 중앙이 초점 역할을 하는 중앙집중형 공간이다. 비잔틴 제국의 황제는 최고 지도자인 동시에 종교적 수장으로서 자신의 권위와 영광을 건축적으로 표현하고자 의도하였고, 이는 돔을 중심으로 공간의 중심성이 강하게 표현되는 중앙집중형 건축으로 발전하게 된다. 중앙집중형은 상부에 대형 돔이 가설된 신랑을 평면구성의 중심구역으로 설정하고, 상부의 돔 천장에 설치된 고측창을 통해 채광함으로써 수직적, 종교적, 신비적 분위기를 창출하

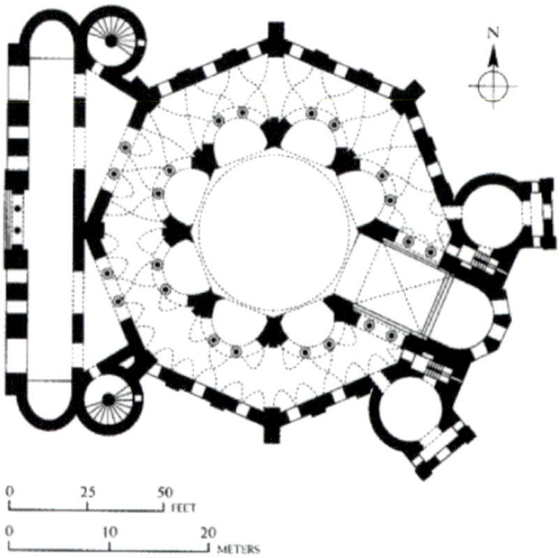

였다. 초기의 중앙집중형 도입과정에서 제단이 홀의 중심에 위치될 경우 신도석인 신랑이 제단 앞에 있는 1/2 부분만 사용가능한 점을 우려하여, 제단을 한쪽에 치우친 공간에 배치하고 홀 전체를 신도석으로 점차 사용하게 되었다. 또한 중앙 중심부는 보통 신도석으로 할당했지만, 성직자 공간을 겸하기도 했다. 서방의 바실리카식 교회는 신도석과 성직자 공간 사이의 구획이 명확하며 성직자 공간이 더 높은 위계를 갖는 것으로 인식되지만, 동방의 중앙집중형 교회는 이런 구별과 위계가 상대적으로 명확하지 않았다. 소피아 대성당보다 규모가 작은 **산 비탈레**는 **중앙집중형 교회**의 전형적 특징인 부유하는 공간이 명확하게 나타나는데, 소피아 대성당이 수평 방향으로의 확장을 추구했다면 산 비탈레 교회에서는 수직 방향으로 확산이 일어났다. 팔각형의 평면형태는 중앙집중성을 강화하고 제식을 위한 별도의 공간보강 없이 동선과 시선에 극적인 변화와 역동성을 추구하고 있다. 중심 팔각형은 지름 16m에 높이가 29m인데, 하늘을 향해 곧게 뻗는 수직 기운이 강렬하고 양옆으로 뻗어 나가는 구멍을 뚫어서 이 기운을 확산했다. 지붕을 지탱하는 원통형 벽체를 2층으로 구성하여 각 층을 열주 스크린으로 처리해서 바깥쪽 복도와 최대한 관통하게 했다. 이러한 공간구조는 천장구조 전체가 공중에 떠 있는 것 같은 느낌을 불러일으키는 전형적인 비잔틴 교회의 모습을 연출하고 있다.

산 비탈레 내부 중앙집중형 천장

산마르코 대성당(1063~1085)

비잔틴 제국과 인접해 밀접한 관계를 맺으며 중세 내내 번영하였던 베네치아 공화국에서 자신들의 수호신이었던 성 마르코를 위해 건축된 산마르코 대성당은 서부 유럽에서는 찾아보기 힘든 동방의 비잔틴 양식으로 지어진 대표적인 건축물이다. 베네치아는 서유럽과 동유럽의 중간 지점에 있어 중계무역을 통한 부와 경제력을 축적하였으며, 동방의 문명을 흡수하여 독자적인 예술, 문화를 전개하고 있었다. 한때 비잔틴 제국의 지배를 받았지만, 7세기 말부터 18세기까지 도시 공화국 체제를 유지하였다.

산마르코 대성당에는 십자가 모양으로 배치한 다섯 개의 돔이 있다. 그중 가장 큰 것이 중앙에 있고, 나머지는 양옆에 나란히 있다. 돔은 양파 모양이고, 파꽃형의 아치와 고딕풍의 천 개가 파사드를 이루고 있다. 대성당의 서쪽 파사드는 거대한 아치들과 대리석 장식들로 만들어져 있는데, 로마네스크 양식의 조각품들이 중앙 정문을 감싸고 있다. 이 아치의 위쪽에는 베네치아의 자부심과 힘을 상징하는 청동으로 된 네 마리의 말이 광장쪽을 향해 있는데, 베네치아와 함께 지

비잔틴 양식의 돔

중해 무역을 지배하며 경쟁관계를 형성했던 제노바는 1379년 이 말들에 재갈이 물리지 않는 이상 두 도시 간의 평화는 없다는 말을 남기기도 했다. 그로부터 약 400년 뒤 베네치아를 정복한 나폴레옹은 이 말들을 끌어내려 파리로 가져가기도 했다. 내부공간은 아름다운 대리석과 유리, 황금빛의 배경을 지닌 모자이크 벽화로 장식되어 있다. 모자이크는 쉽게 변색되지 않아 현재까지 그 아름다움을 유지하고 있다. 산마르코 대성당을 지을 당시 베네치아가 동방을 침략할 때마다 그곳의 진귀한 것을 가져와 성당을 장식했다고 한다. 정면 회랑 위의 말은 고대 그리

산마르코 광장 & 산마르코 대성당

산마르코 대성당 내부

스 시대 것으로서 콘스탄티누스 황제가 비잔티움에 옮겨놓은 것을 1204년 총통이 베네치아로 가져온 것이라고 한다.

대성당 앞에 있는 산마르코 광장은 베네치아의 가장 유명한 광장이며, 베네치아의 정치적, 종교적 중심지 역할을 하던 광장이다. 베네치아에서는 산마르코 광장을 단순히 '광장'(la Piazza)이라고 지칭한다. 산마르코 광장과 피아제타 그리고 로마 광장을 제외한 다른 모든 공공 공간들은 캄피(Campi-Campo의 복수)라고 불렸는데, 작은 광장을 의미한다. 광장의 좌측에는 북쪽을 따라 지어진 긴 아케이드가 나오는데, 이 아케이드의 이름은 프로쿠라티에 베키에(Procuratie Vecchie)라고 한다. 그 연원은 이 건물이 베네치아 공화국에서 도제 다음의 영예를 지녔던 산마르코의 프로쿠라티에(Procuratore di San Marco)의 집과 집무실로 쓰였던 곳이라는 것에서 찾을 수 있다. 이 아케이드를 구성하는 건물들은 16세기 초에 지어졌는데, 1층은 상점과 식당들이 차지하고 있고, 2층은 사무실로 사용되고 있다. 1층의 상점과 식당 중에는 맞은편에 있는 카페 플로리안과 함께 유명한 카페로 쌍벽을 이루는 카페 콰드리가 있는데, 이 카페는 19세기 오스트리아 통치 당시 이탈리아 사람들이 애용했던 플로리안과 반대로 오스트리아인이 애용한 것으로

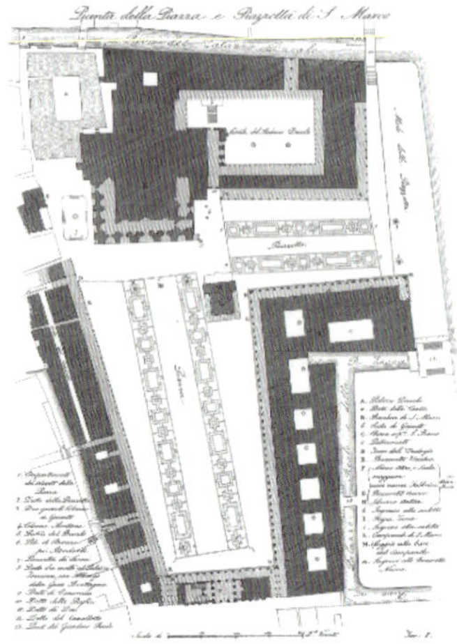

종탑에서 내려다 본 산마르코 광장

유명했다. 이 아케이드의 끝에서 좌측으로 아케이드가 광장의 서쪽 끝을 따라 이어지는데, 이 아케이드는 1810년 나폴레옹이 재건축한 것으로 '나폴레옹 동'이라는 뜻의 알라 나폴레오니카(Ala Napleonica)라고 불린다. 이곳의 상점가 뒤쪽에는 과거에는 왕궁으로 이어지는 예식용 계단이 존재했는데, 현재는 코레르 박물관(Museo Correr)의 입구로 쓰이고 있다. 반대편에는 길고 뾰족한 형태의 아름다운 종탑 캄파닐레가 독립적인 형태로 교회와 연결되지 않고 세워져 있다. 원래의 종탑은 1156년부터 1173년까지 건설되었고, 1514년 복원된 건물이었는데, 1902년 7월 탑의 북쪽에 심각한 균열이 발견된 것을 시작으로 1912년 7월 14일 오전 9시 45분경 완전히 무너졌다. 그 이후에 현재의 종탑을 새로 건축하였는데, 엘리베이터를 설치하여 꼭대기까지 올라갈 수 있게 되었다. 산마르코 광장에는 비둘기가 많기로도 유명하다. 전설에 의하면 오랜 과거에 비둘기가 물어 온 전갈 덕에 적의 공격을 막을 수 있었다고 한다.

IV. 중세 시대(1)_로마네스크

▪ 프랑크 왕국과 서유럽 기독교 문명

로마 제국 이후의 유럽은 권력이 통일되지 않은 까닭에 지속적인 이민족의 침입으로 인한 유혈전쟁이 반복되었다. 정치적, 군사적 혼란과 경제적 피폐 속에서 왕과 중앙정부의 역할과 영향력이 점차 쇠락하면서 각 지방에서 자생적으로 발생한 봉건제도에 의해 왕보다는 영주 중심의 지방분권적 체제를 형성하였다. 로마 제국을 멸망시킨 게르만 민족은 프랑스 중북부와 독일 지역에서 프랑크 왕국(482~843), 이탈리아 북부 지역에서 동고트 왕국(488~562)과 롬바르디아 왕국

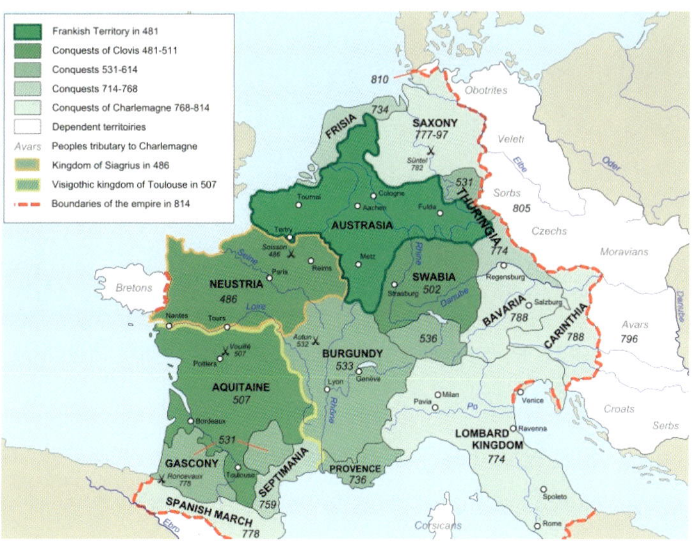

프랑크 왕국

(56~774), 프랑스 남부와 스페인 지역에서 서고트 왕국(418~711), 영국에서 앵글로색슨 왕국(449~1066) 등을 형성하였다.

4세기 말 훈족의 압박에 밀려 남하한 게르만족들 가운데 일부는 로마 당국으로부터 동맹자 인정을 받고 제국 영토 내에 독자 왕국을 건설했는데, 가장 두드러진 활약을 보인 부족은 동고트와 프랑크였다. 프랑크족은 3세기경 라인강 동안의 저지대에 거주하던 게르만족의 하나로서, 4세기 중반 갈리아 북부를 장악하고 로마와 동맹협정을 맺으며, 로마 제국 내에 정착하게 된다.

멸망한 서로마 제국은 게르만족들이 차지했는데, 게르만족이 세운 여러 왕국 가운데 하나인 **프랑크 왕국**은 유럽사에서 중요한 의미를 차지한다. 왜냐하면 동로마 제국, 즉 비잔티움 제국과는 또 다르게 유럽의 정치와 경제, 문화의 중심을 이루고 그 영향이 현재까지 계속되고 있다. 종교와 영토, 문화 등 모든 면에서 프랑크 왕국은 우리가 아는 현재 유럽 국가들의 모태이자 바탕이라고 할 수 있다.

프랑크 왕국의 초대왕: 클로비스(좌)/카롤루스 대제 대관식(우)

유럽 대륙의 다른 게르만족은 무력으로 현지인을 정복했지만, 대체로 정치적 역량과 문화적 소양이 부족하여 그들을 효율적으로 지배구조 내에 통합하지는 못했다. 하지만 **프랑크족**은 달랐다. 그들은 왕국의 건설자인 메로빙거 왕가의 시조 클로비스(481~511)를 따라 가톨릭으로 개종함으로써 로마화한 현지인들과 문화적으로 융화해 갔다. 클로비스는 500년경 오늘날의 프랑스와 벨기에 지역을 대부분 정복하고, 그 지역의 주교 및 주민들이 믿고 있던 가톨릭으로 개종한다. 또한 통합된 영토를 물려주지 않고, 야만족의 관습에 따라 왕국을 그의 아들들에게 분할 상속했다. 그 후 200년간 더 많은 영토를 차지하기 위한 분쟁이 자손들 사이에 끊임없이 계속되었다. 유럽 역사상 최악의 암흑 시대 중의 하나였던 이 시기를 거치는 동안에 무역은 중단되었고, 도시는 쇠퇴하였으며, 문자 생활이 사라지고, 폭력이 난무했다.

중세 시대 로마의 교황권은 미래를 향한 새로운 움직임을 시작했는데, 무엇보다도 베네딕트 수도 교단을 후원하여 그들이 서유럽의 새로운 땅을 복음화하도록 했다. 700년경에 베네딕트 수도사들이 잉글랜드의 앵글로색슨족을 기독교로 개종시킨 후 프랑크 왕국에는 번영의 조짐이 나타났다. 7세기경 아랍인이 지중해 남부 해안지대를 장악하자 유럽인들은 지중해 지역을 포기하고, 서유럽에 도시의 상업이나 지중해 교역 대신 농업에 기반을 둔 새로운 생활방식을 창출하기 시작한다. 687년 메로빙거 왕조의 궁재 피핀은 프랑크족의 전 영토를 자신의 지배권 하에 통합하고, 벨기에와 라인강 유역에 자신의 가문을 위한 새로운 세력 근거지를 구축한다. 피핀은 베네딕트 수도회와 전략적 제휴를 통해 교황권과 긴밀한 유대관계를 도모했는데, 당시 이탈리아의 교황 영지를 롬바르드족으로부터 보호하는 역할을 하던 비잔틴의 역할을 떠맡는다. 교황은 역사적 방향 전환을 단행하여 비잔틴으로부터 등을 돌리고 대신 서유럽과 결합하여 751년에는 피핀에게 성유식을 베풀기까지 하여 신이 정한 왕으로 인정한다.

프랑크 왕국의 이런 역할은 특히 카롤링거 왕조의 샤를마뉴 대제에 이르러 확립되는데, 그는 서로마 제국만큼 넓은 영토를 차지했을 뿐 아니라, 로마 교회를 도와 크리스트교 전파에 힘쓰고, 로마 교황으로부터 황제의 관까지 받아 프랑크 왕국은 제국으로 격상되었다. 이렇게 프랑크 왕국과 로마 교회가 좋은 관계를 맺으면서 크리스트교와 로마 문화가 서유럽 전체에 퍼지게 되었고, 또한 수도원과 궁정에 학교를 세워 학문을 발달시키는 데 많은 힘을 쏟아 이 시기를 '카롤링거 르네상스'라 부른다. 이 시기에 학문과 문화를 발전시키고 로마 교회와 친밀한 관계를 만들면서 크리스트교와 그리스·로마 문화, 게르만 전통이 하나로 합쳐진 독특한 서유럽 문화가 만들어진다. 그 뒤 유럽에서 발전한 수많은 국가와 민족이 이때에 만들어진 문화를 함께 누리게 되었고, 찬란한 중세 유럽 문화의 꽃을 피운 카롤루스 대제를 '유럽의 아버지'라 부르게 되었다. 오늘날 유럽의 국가와 민족들이 종교와 언어, 생각하는 방식 등 여러 면에서 비슷한 점이 많은 것은 이러한 이유 때문이라고 할 수 있다.

이후에도 그 명맥을 유지하던 로마 교황들은 교회의 자유와 권리를 유지하기 위해 각 지역의 황제들과 투쟁을 벌였는데, 자신이 직접 주교들을 연방 군주로 임명하려는 황제들과 서로 권리권을 확보하기 위해 맞섰다. 신성 로마 제국(카롤루스)의 정치적, 군사적 보호 아래 있던 로마교황은 9세기 말부터 서유럽의 봉건화에 따른 혼란 속에 강력한 후원자 없이 각 지역의 주교와 영주에게 의존하였고, 기독교 조직은 점차 봉건화, 세속화, 타락화되었다. 이러한 불안정한 시대에 다수의 시민들은 종교에 의지했고, 많은 수의 순례자들은 시대의 궁핍으로부터 벗어나 성지에 도달하기 위해 멀고 험한 성지순례의 길을 떠났다. 수많은 순례자들을 보호하기 위해 수도원, 교회, 숙박소들이 로마네스크 시기에 건립되었다.

중세의 장원제

장원제는 농노에 의해 대규모 농경지가 경작되는 경제체계로서, 중세 시대에는 농촌의 촌락생활이 대부분 영주가 소유하고 농노가 노동하는 장원(manor)이라는 제도를 중심으로 이루어졌다. 카를링 왕조 시대에 처음 등장한 장원제는 농노가 토지에 결박되어 이동의 자유 없이 영주를 위해 무상으로 노동을 해야 했고, 공납을 내야 했으며, 영주 법정에서 재판을 받아야 했다. 로마 시대의 노예와는 달리 스스로를 위해 경작할 수 있는 토지를 배정받고 토지 박탈의 염려 없이 경

장원제도의 농노(좌)/중세의 계급구조 피라미드(우)

작할 수 있다는 점이 노예보다는 훨씬 형편이 나았다. 농노들은 대부분 가축과 농기구를 공동으로 소유했기 때문에 자신의 토지를 경작할 때도 공동작업을 해야 했고, 이는 장원제를 공동작업과 결속을 강조하는 체제로 만들었다.

하지만 이들의 생활은 원시적이고 가난했다. 주거는 대부분 나뭇가지를 엮어 진흙을 바른 오두막 형태였고, 실내바닥은 차고 축축한 흙이었다. 침대는 짚덤불이 대신하고, 식사는 채소 위주의 멀건 수프로 해결했다. 육류는 연중 축제일 또는 한겨울 몇 차례로 제한되었다. 하지만 흉작이 항상 도사리고 있었는데, 영주들은 항상 같은 양의 수익을 요구하기 때문에 흉작이 닥치면 농노들은 가진 곡식을 모두 빼앗기고, 자식들이 서서히 굶어 죽는 것도 지켜보아야 했다. 중세 말기에 접어들어 이러한 열악한 생활에 변화의 바람이 분다. 기근이 전보다 훨씬 줄어들었고, 콩 단백질을 섭취할 수 있는 음식을 섭취하면서 이전보다 건강이 개선되었다. 또한 새로운 땅을 개간하기 위해 영주들은 농노들에게 자유를 허용하여 노동력을 확보하려 하였다. 농노들은 자신들의 잉여 생산물을 판매함으로써 돈으로 자유를 살 수 있을 만큼의 재산을 모을 수도 있었다.

Tip 봉건제도

장원제와 동일한 의미는 아니며, 봉건제는 권력이 분권화되어 있는 정치체계를 의미한다. 봉건제는 농경지를 중심으로 상호계약과 의무에 의해 연계되었던 사회제도로서, 군주가 가신들에게 땅(봉토)을 주고 충성을 약속받는 일종의 주종관계를 이어주는 정치체계였다. 거대한 봉토를 보유한 군주는 많은 기사를 종신으로 거느릴 수 있었다.

영국 왕위에 오른 윌리엄 1세

■ 노르만의 영국 정복: 영국 최초의 국왕 윌리엄

북유럽의 데인족(노르만)들은 9세기경 프랑스를 침범하자 당시 프랑스 왕 샤를은 시달리다 못해, 911년경 프랑스 북부해안 땅을 주고 이들의 족장을 노르망디 공으로 봉한다. '노르망디'라는 지역명은 이들 종족의 이름을 따서 지은 것이다. 영국과 해협을 사이에 두고 노르망디는 빈번한 왕래가 있었는데, 노르망디 공의 딸에게 태어난 '에드워드'는 바이킹이 영국 왕이 되던 시절 노르망디에서 성장했다. 데인계 왕의 뒤를 이어 왕에 오른 에드워드는 자식 없이 죽게 되자 해럴드가 왕위에 오르게 된다. 이는 영국의 왕위를 노리는 자들의 행동을 촉발하게 했다.

1066년 프랑스 땅에 있던 노르망디 공국의 윌리엄 1세는 도버해협을 건너 앵글로색슨 왕조를 무너뜨리고 영국 왕위에 오르며 영국 전역을 통치하게 된다. 해럴드는 전투에서 눈에 화살을 맞고 전사하고, 색슨족은 웨일스와 스코틀랜드로 달아났다. 이때부터 잉글랜드에는 노르만 왕조가 시작되었다. 윌리엄은 영국에서 그를 도운 귀족에게 봉토를 하사했다. 땅을 하사받은 귀족은 윌리엄에게 충성을 맹세하고 봉토에 성을 하나씩 지었다. 윌리엄 역시 런던 템스강 옆에 성을 지었는데, 런던탑이 바로 윌리엄이 지은 성이다. 11세기 후반 노르망 군사 건축의 전형적인 본보기를 보여 주는 런던탑은, 고대 로마 성벽의 남동쪽 인공흙 둔덕 위에 흙과 목재로 지어진 방어벽을 기본으로 하여 지어진 웅장한 왕궁이자 요새 건물이다. 수도 런던으로 진입하는 길목에 위치한 런던탑은 이후 도시를 방어하고 시민들을 통제하는 임무를 수행했다. 이후 런던탑에는 다양한 역사적 인물들이 투옥되거나 처형되기도 했는데, 에드워드 5세와 앤 블린을 포함한 헨리 8세의 두 부인이 이곳에서 처형당했다. 앤 블린의 딸이자 후에 영국의 전성기를 열었던 엘리자베스 1세 여왕도 왕위에 오르기 전 이곳에 투옥되었다가 풀려나기도 했다.

영국을 점령한 윌리엄의 가장 큰 업적은 영국과 웨일스 점령지에 대한 방대한 토지 및 인구 조사였다. 이는 영국의 모든 목초지와 가축의 수를 철저하게 조사하여 기록한 토지대장이었다. 윌리엄은 이를 기초로 하여 조세징수에 관한 법적인 권한을 명확하고 공고히 하려는 의도였다. 윌리엄은 조세제도에 대한 명확한 기준이 정해진 다음에야 영국에 대륙의 봉건제도를 확고하게 정착시킬 수 있다고 믿었다. 윌리엄은 영국 땅을 모두 목차로 정리하고 백성과 그들의 재산까지 모두 일목요연하게 정리하는 일에 착수했다. 둠즈데이 북이라고 하는 이 기록서는 지금의 인구조사와 그 성격이 비슷하다. 당시 영국은 왕이 자신의 신하들에게 토지를 나눠주어 최하층의 농민에게까지 왕의 토지가 분배되었다. 이 토지는 한시적인 것이 아니라 충성이 보장된다면 세습적인 것이었다. 윌리엄이 영국을 통치하면서 근 수백 년 동안 이어져 오던 바이킹의 침략이 멈추었고, 지방끼리 일어났던 내분도 사라졌다. 그리고 웨일스 변경에 성을 쌓아 자신의 심복을 파견하여 이 지역을 다스리게 하였다. 윌리엄은 집권한 뒤에 자신에게 유리하다고 판단되는 영국에 남아있던 앵글로색슨의 지도자들을 후원하는 데는 너그러웠다. 하지만 자신이 신뢰했던 인물이 자신에게 반기를 드는 경우에는 누구를 막론하고 무자비하게 복수하였다.

Tip

영국을 점령한 집단은 윌리엄이 처음은 아니었다. 기원전 4세기경 켈트족 일부가 로마인에게 쫓겨 갈리아에서 영국으로 건너와 원주민을 밀어내고 정착했다. 1세기 이후에는 로마인들이 영국까지 진출하여 약 350년간 점령하였다. 잉글랜드 북부의 요크는 로마 시대에 북쪽 방위거점이었다. 당시 로마인은 영국 섬을 '브리타니아', 그곳에 사는 켈트족을 '브리튼족'이라고 불렀다. 4세기 말경 훈족의 침입을 받은 게르만족의 이동이 시작되면서 게르만족의 일파인 앵글로색슨족이 영국으로 건너간다. 이후 로마군은 영국에서 철수하고, 켈트족은 스코틀랜드, 웨일스, 아일랜드 지역으로 흩어진다. 로마인들이 물러간 다음에는 바이킹의 일파인 덴마크의 데인족이 영국의 남쪽을 점령하여 항구적인 정착지로 삼았다. 이들 데인족은 영국 역사에 앵글족과 색슨족에 이어 두 번째로 정착한 침입 종족이었다. 수년에 걸친 데인족과의 전쟁 끝에 당시 국왕 앨프레드는 협정을 맺고 영국 땅 일부를 내어주기로 한다. 데인족은 영국을 침략하여 큰 변화를 만들지는 못했고, 내어 준 땅에 조용히 터를 잡고 살면서 그리스도인이 되었다.

■ 로마네스크 건축

로마네스크 건축은 900~1200년 전반에 나타난 교회 중심의 건축 양식으로, 로마의 석조기술과 알프스 이북 지역의 목조건축을 기본 구조로 발달하였다. 11세기 들어 서유럽은 이민족의 침입에서 벗어나 안정되고 경제적으로 농업기술의 발달과 인구의 증가로 새로운 도시들이 건설되었다. 도시는 규모가 커지고 새로운 도시들이 건설되면서 공공건물과 교회들이 다시 지어지기 시작했다. 개혁 성향의 교황과 교단은 성직자 계급과 수도원 내의 질서를 다시 확립하려 했으며, 종교적인 삶을 추구하였다. 다시 지어지기 시작한 각 지역의 교회는 화려한 아름다움으로 다른 민족을 능가하려고 하였는데, 이 시기에는 종교적인 개혁운동에 힘입어 새로운 수도원들과 대형 교회들이 많이 건축되었다. 로마네스크 양식은 모든 건축적인 디테일을 획일적인 체계 속에 엄격히 종속시킴으로써 교회 건축물을 통해 신의 영광을 드러내고자 하는 데 목적이 있었다. 체계적인 구조에 대한 강조 이외에 로마네스크 양식의 기본 특징으로는 둥근 아치, 돌로 쌓은 거대한 벽, 작은 창문, 수평선의 강조 등을 들 수 있다. 단조로운 내부 장식은 밝은 색조의 모자이크나 프레스코 벽화로 보완되었다. 또한 기독교 예술에서의 중요한 혁신이 이루어져 건물 내외부에 조각 장식이 도입되었다. 최초로 실물 크기의 인물상이 건물 전면에 등장했는데, 강한 호소력을 지녔으며, 인물상 조각에 대한 관심이 부활했음을 처음으로 보여 주고 있다.

초기 로마네스크 양식은 로마건축의 형식요소를 계승하였는데, 창문과 문, 아케이드에 의한 반원형 아치를 많이 사용하였고, 원통형볼트와 교차볼트를 천장에 사용하기 시작했다. 벽체는 거대한 석재보다는 벽돌이나 소형 석재를 주재료로 조적식 구조체를 구축하였고, 화재에 취약한 목조 트러스 천장구조는 점차 석재와 같은 내화성+내구적 재료로 대체 사용되었다.

로마네스크 건축의 특성을 잘 보여 주는 성당 외부형태

새로운 지붕구조체계 창출

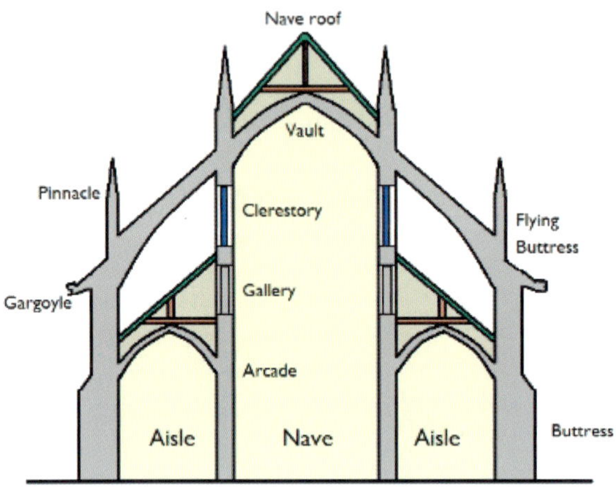

새로운 볼트천장 구조

로마네스크 건축이 전성기에 이르자 바실리카 양식의 라틴 크로스를 기본 평면으로 한 3단 네이브 월 평면으로 발전되고, 천장은 목조 천장구조를 대체할 석조 리브 볼트 천장이 등장한다. 리브 볼트 천장이 네이브 월의 3단 구성과 한몸으로 유기적 구성을 이룬 점은 로마건축과는 차별화된 건축기술이었다. 특히 천장은 내화, 내구적 구조로의 변환을 시도함과 동시에 내부공간의 신랑 너비를 확장하기 위한 새로운 구조체계로의 변환을 지속적으로 시도한다.

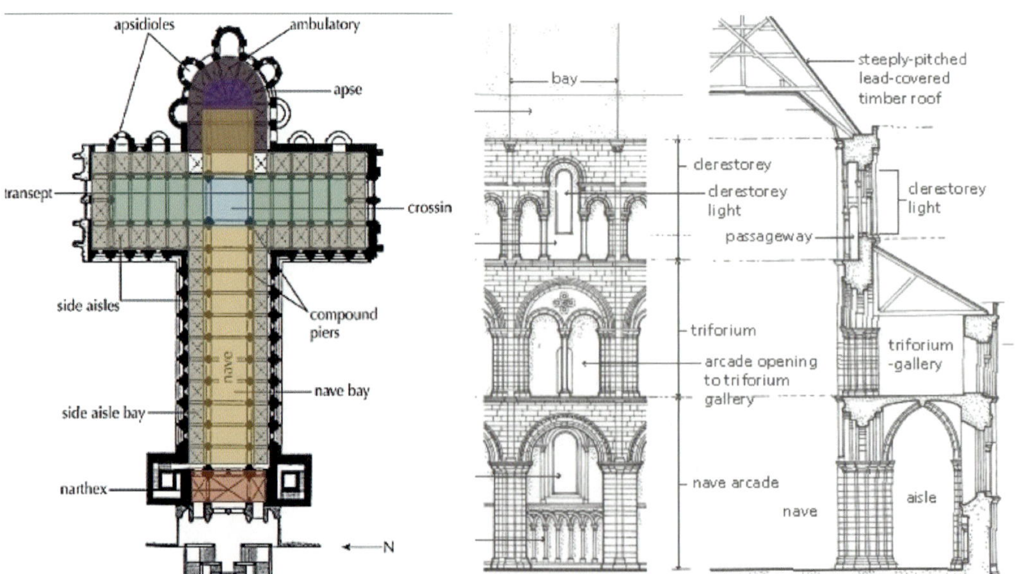

라틴 크로스 평면(좌)/3단 네이브 월 구조체(우)

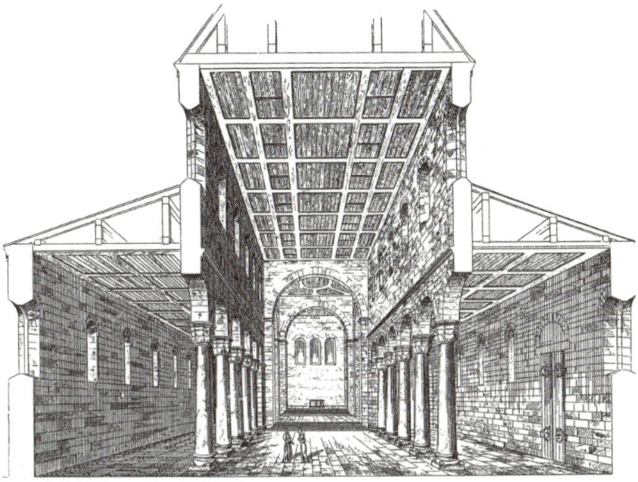

목조 평천장(좌)/새로운 석조 볼트 천장(우)

10세기 이후 수도원이 부흥 운동의 중심지가 되면서 좀 더 웅장하고 신비스러운 분위기의 실내공간이 요구되었고, 볼트 구조를 이용한 석조 천장이 등장, 도입하게 된다. 목조 평천장을 계속 사용하고 있었던 알프스 이북 지역의 독일과 달리 프랑스는 로마와 비잔틴에서 석조 볼트 천장을 받아들여 중세의 새로운 건축체계를 발전시킨다. 초창기 석조 천장 기술에 대한 선례를 찾다가 롬바르디아가 그 대상이 되었다. 롬바르디아의 순회 석공단이 사용하던 기술은 로마가 아닌 '비잔틴'의 건축술이었고, 프랑스는 이를 받아들여 새로운 구조 실험을 통해 석조 볼트 천장이라는 중세 건축의 대표 구조 방식으로 발전할 토대를 놓았다. 이 새로운 천장 실험은 프랑스 부르고뉴에서 처음 시작되었는데, 제2 클뤼니 수도원 교회(10세기 중반)는 이 실험의 중심지였다.

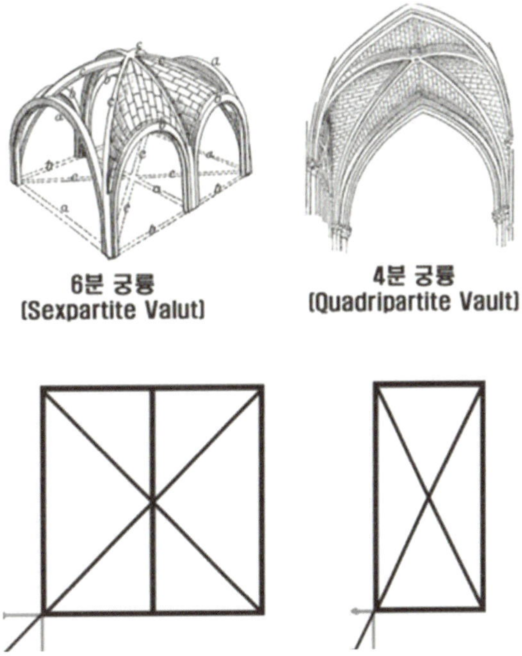

6분 궁륭
(Sexpartite Valut)

4분 궁륭
(Quadripartite Vault)

프랑스의 노르망디는 석조 볼트 천장을 한 단계 발전시킨 리브 천장이 최초로 등장하는 지역이다. 횡 방향과 대각선 두 방향에서 넓적한 면 위에 리브라는 선형 부재를 한 겹 덧붙인 형태로 두 방향의 리브가 합해지면서 6분 볼트로 나타난다. 리브 볼트는 네이브 월의 기둥과도 유기적으로 연결되어 다발 기둥형태로 나타나게 된다. 갤러리 층의 아치도 높아지면서 실내 채광을 유리하게 하였고, 실내 공간의 확장을 가져왔다. 교차 볼트의 두터운 곡면 일체식 구조체계보다 리브 볼트는 가벼운 리브와 4개의 기둥에 의해 지지되는 골조식 구조체계로(리브 사이의 곡면이 비내력 구조체) 중량이 훨씬 감소하였다.

■ 로마네스크 건축 사례

11세기 초 독일 힐데스하임 지역에 세워진 성 미하엘(미카엘) 교회(1033, 힐데스하임)는 서유럽의 어떤 건물보다도 로마네스크 초창기 양식을 명확히 보여 주는 교회건물로서 목조 평천장구조를 사용하고 있다. 이 교회의 중랑은 이전 로마네스크와 초기 로마네스크에서 사용된 전형적인 바실리카식 천장 양식에 바탕을 두고 있고, 목조로 구성된 평평한 천장은 그림으로 장식되어 있다. 긴 회랑 천장을 덮고 있는 그림은 13세기 작품으로 추정되는데, 아담과 하와 이후 예수 그리스도의 혈통 인물들을 순서대로 정리했기 때문에 "이새의 족보"로 불린다. 교회 내부에는 이 천장화를 고개를 올리지 않고도 감상할 수 있도록 거울을 준비해 배치하고 있다. 공간구성에 있어서 중랑을 중심으로 측랑이 위아래 대칭으로 배치되어 있고, 익랑과 제단소 또한 좌, 우 대칭으로 배치되는 기하학적 공간구성을 따르고 있다. 두 가지 색채의 반복된 사용은 그러한 공간 구분을 시각적으로 강화하고 있다.

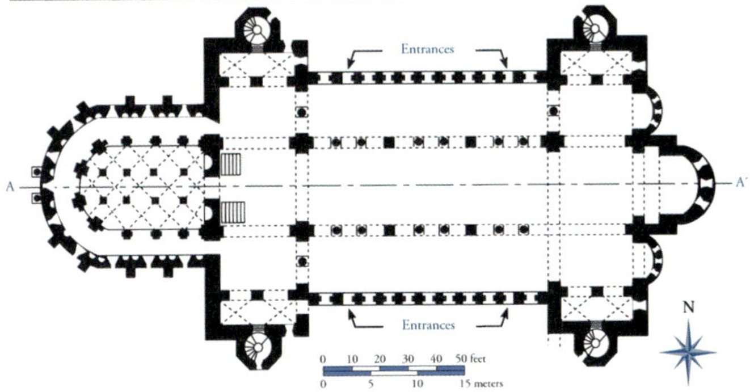
Entrances
A
A'
Entrances
N
0 10 20 30 40 50 feet
0 5 10 15 meters

슈파이어 성당

독일은 프랑스의 발달한 로마네스크 구조체계를 받아들여 독일 로마네스크 양식을 발전시키는데, 시기적으로 보면 대략 1060년부터 1170년 사이에 해당한다. 프랑스와 접경 지역인 라인란트로 제2 슈파이어 성당을 통해 양식을 발전시켰는데, 리브 볼트 천장과 다발 기둥을 접목해 독일 로마네스크 양식을 잘 구현시킨 사례로 꼽힌다. 서부 독일 라인란트 팔츠 주의 슈파이어에 있는 독일 로마네스크의 본격적인 시작을 알리는 성당으로, 폭 30m, 길이 133m에 이르며, 높이 72m나 되는 탑이 있다. 이 성당은 콘라트 2세의 명령에 따라 1030~1106년에 창건되었고, 성 슈테판에게 봉헌되었는데, 하인리히 4세는 1080~1106년에 전면적으로 개축해 현재의 모습으로 완성했다. 네이브에 **교차볼트**(아치가 교차되는 형태)를 적용해 천장 높이를 5m 더 높여 당시로써는 놀랄 만큼 웅장한 규모를 자랑했다. 정치적인 과시에 의한 결과이기도 했지만, 독일식 우직함의 아름다움을 보여 주고 있다. 당시 이러한 초대형 교회는 교황의 권위에 도전하는 것으로 비칠만 했는데, 교황을 네 번이나 갈아치운 하인리히 3세나 교황과의 갈등이 깊었던 하인리히 4세 때의 상황을 보면 의도적인 면이 있었을 법하다.

제2 슈파이어 성당의 가장 큰 변화는 기존의 목조 평천장을 석조볼트(교차 궁륭)로 대체하고, 기둥체계도 여기에 맞춰 증축했다. 이로써 독일 최초의 대규모 석조 교차 궁륭이 탄생했는데, 이러한 더블 베이(double bay) 구조는 이전까지 유례가 없던 것으로 기둥에 하중을 받치기 위한 여러 장치가 고안됐는데, 이는 슈파이어 대성당이 로마네스크 건축 역사상 중요한 위치에 놓이게 된 원인이 된다. 파이어는 이후 독일의 다른 지역에 영향을 끼쳤는데, 마인츠 성당, 보른스 성당 등이 대표적이다.

종교 부흥과 프랑스 클뤼니 수도원

10세기 이후 상업을 중심으로 하는 새로운 도시·마을들이 생겨나면서 수도원과 교회가 들어서기 시작했다. 로마네스크 양식의 발달에 가장 큰 역할을 했던 사람들은 수도원의 사제들이었다. 910년경 부르고뉴 지방에 지어진 클뤼니 수도원은 당시 수도원 개혁운동을 주도적으로 이끌었던 곳으로, 11세기 후반에 그 영향력은 절정에 달해 전 유럽에 파생된 교회의 수는 1,450여 채에 이른다고 전해진다.

카롤링거 왕조가 막을 내리고 오랜 몰락의 위기가 시작되었다. 대부분의 교회와 수도원들은 강력한 지방 영주들의 사유물이 되고 말았다. 지방 영주들은 그들의 영향력 하에 있는 교회의 성직을 임의로 처분했다. 종교적 권위 간의 투쟁, 성직자의 타락이 극에 달했는데, 성직을 돈으로 사고파는 행위가 공공연하게 일어나고 있었고, 영주들의 가까운 친척에게 수여하기도 했다. 성직자 임명권을 둘러싸고 왕과 교황은 첨예하게 대립하고 있었다. 심지어 교황 요한네스 8세가 암살을 당하기도 했는데, 부패한 교회에 대한 개혁을 요구하는 목소리가 점점 커졌다. 10세기에 절정에 이르렀던 외적의 침입으로부터 유럽이 숨을 돌리기 시작하자 종교적 부패에 대한 강력한 반발이 제기되었고, 그 시작점이 클뤼니였다. 원래 베네딕트 교단의 한 수도원이었던 클뤼니는 두 가지 구조적인 혁신을 단행했다. 첫째, 세속 권력이나 교회 권력의 간섭을 배제하기 위해 수도원을 교황 직속으로 했다. 둘째 수많은 '자매 수도원들'을 개혁하거나 설립하는 일에 착수했다. 수도원 조직을 구성하여 조직에 속한 수도원들이 클뤼니에 복종하여 개혁 수도원들을 종교생활과 기도의 핵심이 되게 하였다.

910년 열두 명의 수도자들이 경건공 기욤의 땅 클뤼니로 들어왔고, 그해 수도원을 창설했다. 이곳에서는 예배를 엄격하게 지키고, 수도원을 전적으로 교황에게 위임하여 지역의 권위자들이 간섭하지 못하게 하였다. 클뤼니 수도원 개혁은 전 유럽으로 번져갔고, 한때 클뤼니에 속하던 수도원이 1,200여 개에 이르렀으며, 수사들은 2만 명이 넘기도 했다. 개혁의 여파로 이곳에 몰려드는 사람의 수가 폭발적으로 늘어났고, 910년 설립된 최초의 교회는 981년까지 대대적인 공사를 통해 제2 클뤼니 교회로 대체되었다.

제1 클뤼니가 증축되는 과정에서 로마네스크 건축의 시작을 알리는 새로운 건축적 실험들이 시도되었는데, 가장 핵심적인 것이 원래의 목조 평천장이 석조궁륭천장으로 대체된 것이었다. 초기 기독교 건축이 전파된 이래 평면은 바실리카식 교회, 구조는 목조 평천장을 오랫동안 사용해 왔으나 10세기에 들어서면서 클뤼니가 수도원 부흥운동의 중심지가 되고, 동시에 순례 루트의 주요 길목이 되면서 교회 실내에 웅장하고 신비스러운 분위기가 필요해졌다. 제2 클뤼니 교회는 이러한 실험의 중심지였다. 프랑스 혁명 당시 완전히 파괴되어 일부 남아 있는 부분으로만 추측해보면, 천장이 석조궁륭으로 덮여있었을 것으로 판단되나, 벽면 구조는 이단 구성에 머문 것으로 보여 로마네스크 건축 양식이 이 교회에서 완벽하게 완성된 것은 아닌 것으로 보인다. 하지만 로마네스크 건축의 가장 큰 공헌이라 할 수 있는 벽체 일부에 한정되었던 석재 아치를 석조궁륭으로 확장시킨 건축적 실험은 큰 성과였다.

제2클뤼니 교회의 석조궁륭천장

제2 클뤼니의 건축 구성은 여러 곳으로 전파되는데, 투르뉘의 생필리베르가 대표적이다. 여러 차례의 증축을 거치면서 석조 네이브 천장을 횡 방향 아치를 갖는 배럴볼트로, 아일 천장을 교차볼트로 발전시켰다. 이는 천장에서 네이브 월과 아일 천장을 거쳐 외벽으로 흘러나가는 하중을 처리하는 구조 효율을 높이는 결과를 가져왔다. 횡방향 아치가 천장 하중을 모아 네이브 월에 전달하면 교차볼트가 집중적으로 받치는 방식인데, 초기 로마네스크 표준형으로 자리 잡는다. 석조 천장이 확대되면서 프랑스 성직자들은 초기 기독교 건축의 교회와 다른 새로운 공간 분위기를 느꼈고 중세 교회의 씨앗이 뿌리내리는 순간이었다.

석조 천장체계가 부르고뉴에서 등장하였다면 네이브 월의 3단 구성은 노르망디에서 처음 나타났다. 네이브 월의 기둥은 더블 베이를 갖추었고, 주 기둥은 정사각형 코어 기둥 위에 사면으로 굵고 가는 원형 벽기둥을 대응 기둥으로 더해서 다발 기둥의 초기 단계를 보여 준다. 주 기둥은 힘과 물성 등의 구조적 안정감을 통해 수직성을 표현하고, 다발 기둥이 등장하면서 규칙화된 군집성을 통해 수직성을 통한 유기적 수직성으로 발전한다. 네이브 월의 3단 구성이 만들어내는 수평 영역에 맞춰 기둥이 빚어내는 큰 수직적 힘이 만들어졌다. 석조 천장체계와 네이브 월의 3분법과 기둥체계는 이후 로마네스크 건축의 표준 구성이 된다.

생필리베르-석재궁륭(좌)/노르망디-네이브 월 3단 구성(우)

제2 클뤼니 교회는 이후 한 번 더 증축되어 1088년~1108년 제3 클뤼니 교회가 건설된다. 이 교회에는 높이 약 29.5m, 너비 14m의 중랑에 원통형 궁륭이 설치되었다. 또한 로마네스크 시대 최초로 첨두 아치를 사용한 중랑 아케이드와 3층 벽분할에 사용된 블라인드 트리포리움은 이후 지어진 교회에 전파되어 자주 사용되었다. 이러한 건축 양식은 프랑스 여러 지역으로 전파되었는데, 노트르담 성당, 오툉의 생 라자르 대성당 등에서 찾을 수 있다.

영국의 로마네스크 건축

영국의 로마네스크 건축은 대륙 양식을 수입하면서 시작되었는데, 노르망디 공이었던 윌리엄이 영국의 왕이 되면서 영국에 프랑스 양식이 도입되었다. 윌리엄은 대륙의 중세체제였던 봉건제도를 영국에 수입했는데, 이 과정에서 대륙의 로마네스크도 함께 들어갔다. 1070년부터 랜프랭크를 필두로 영국의 성직자들은 기독교 개혁운동을 시작했는데, 토속 양식을 버리고 대륙의 새로운 로마네스크

캔터베리 대성당 내부

양식을 사용하고 국제적 흐름에 발맞추어 "위엄 있고, 경이롭고, 극단적으로 길고, 확 트이고, 빛으로 가득 차야 한다"는 취지(지침)에 맞는 많은 수의 교회를 건설하였다.

영국 최초의 로마네스크 양식을 구현해낸 예는 캔터베리 성당이었다. 전실과 트랜셉트를 갖는 3랑식 8베이의 대륙 표준형을 적용하였다. 네이브 월과 트랜셉트도 프랑스에서 사용한 3분법으로 구성하였다. 1080년대에는 영국만의 대표적 특징인 기하학다움과 장식다움이 자리 잡았다. 기둥 표면의 장식 문양, 아키볼트의 조적 부재를 이용한 톱니 문양, 천장

영국 캔터베리 대성당 외부

장식 등은 프랑스로 대표되는 중세의 건축이 구조 효율성을 중심으로 빛으로 가

영국 더럼 대성당 외부

득 찬 높은 실내 천장을 추가한 것과 대비되는 특징이며, 영국 건축이 대륙과 차별화되는 요소이기도 했다. 엘리 성당(1083~1189)의 네이브 월은 대륙의 표준을 최대한 유지하면서 아치를 중심으로 반원형 윤곽을 기하학적으로 표현했다. 각각의 아치가 커지면서 기둥, 외벽 등도 두꺼워지면서 외형적으로 높고 날씬한 형태의 대륙 교회와는 다른 육중한 형태를 갖추게 되었다.

고딕 건축이 시작되기 전까지 프랑스와 영국 사이에는 리브볼트의 발상지를 놓고 반대되는 주장이 있었다. 더럼 성당(1090~1120)은 영국 내에서는 최초로 완성도 있는 리브볼트를 사용한 대표적 사례이다. 비슷한 시기의 노르망디에서 건축된 교회들과 비교해보아도 리브 볼트의 완성도가 떨어지지 않으며, 이를 떠받치는 다발 기둥과의 연관성도 확인할 수 있다. 그러나 리브볼트의 활용면에서는 구조적 역할보다는 기하학적 장식성을 강하게 보여 주고 있다. 특히 다발 기둥과의 대응에서 구조적 작용보다는 단순 장식 어휘로 처리한 것이 돋보인다. 또한 원주를 장식하는 마름모 형태의 홈 파기나 궁륭 늑골의 가장자리 톱니무늬 장식에서 이러한 장식 성향이 두드러지게 나타난다.

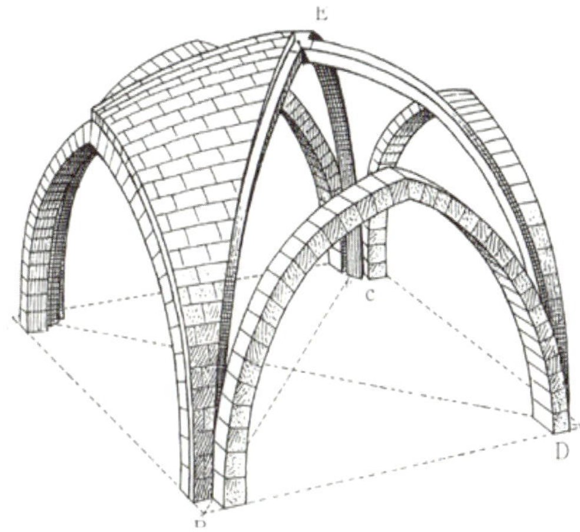

영국 더럼 대성당 천장(좌)/리브볼트(우)

V. 중세 시대(2)_고딕

■ 역사적 배경

기독교 중심사회 형성

로마네스크 시대에 왕권과 대립하며 로마의 주교 노릇도 힘들었던 교황은 11세기 이후 세속권을 제압하고, 강력한 교권을 확립하여 11세기 이후 서유럽 기독교 문명 최고의 종교지도자로 등장하게 된다. 교황은 교회 정부를 중앙집권화했고, 황제 및 왕의 지배권에까지 도전했을 뿐 아니라 십자군 운동을 제창하기도 했다. 이후 종교개혁으로 구교와 신교로 나뉘기는 했지만, 교황은 여전히 교회를 내적으로 지배했고, 오늘날에 이르기까지 영향력을 유지하고 있다. 동시에 교회는 스콜라 철학의 신학체계를 크게 발전시켜서 신앙과 이성, 비합리성과 합리성을 조화시킨 이상적인 이론 근거를 세우게 되었다. 고딕 건축 양식의 발전은 사실상 이와 같은 왕성한 교회활동의 기반을 바탕으로 상징적으로 성취되었다. 그리스도교는 중세사회의 정신적인 지주 역할을 하였으며, 그 시대에 지어진 수많은 교회는 시민들이 가졌던 종교적 신앙심을 외형적으로 표현한 노력의 산물이었다.

자유로운 중세 시장풍경(좌)/12세기 파리(우)

중앙집권체제 시작 & 도시의 번영

프랑스의 필립(Philip) 2세는 중앙집권을 하여 중세 봉건 시대에 근세적 관료정치를 확립하는 데 성공하였다. 이와 때를 같이 하여 유럽의 국제적 통상이 재개되어 장원경제에 의한 상공업이 발달하였고, 이로 말미암아 시민계급·길드(guild) 조직이 발생하였다. 시장의 활성과 상품 생산기능의 발달은 새로운 도시들을 탄생시켰고, 도시들은 경제체계 전반을 번영하도록 만들었다. 고딕 건축 양식은 프랑스에서 발생하였는데, 프랑스는 그 당시 최강국으로서 로마 교황을 억제하고 유럽의 학문·기술·예술·문화의 중심이 되었으며, 지금까지 수도원이 갖고 있던 모든 분야의 지도권을 속계로 옮겨오게 했으므로, 파리에는 각지에서 학자·예술가가 모여들었고, 기술도 많은 발달을 보게 되었다. 건축활동 면에서도 공장조합의 발달과 기술 향상에 따라 수도원의 역할이 감소되고, 그 대신에 시중의 일반건축기술자 역할이 확대되어 건축에 큰 발전을 이루게 되었다. 고딕 건축은 이와 같은 시대의 배경을 갖고 발전되었으며, 도시의 활성화와 시대적 흐름을 같이하였고, 대성당·길드 홀·공공건축이 연이어 건설되었다.

로마네스크 양식에 뒤이어 13세기부터 프랑스에서 발생한 고딕건축은 수직선을 디자인의 주요소로 하여 하늘을 지향하는 종교적 신념과 그 사상을 합리적으로 반영시켜 교회건축 양식을 획기적으로 발전시켰다. 이것은 유럽인들이 일반적으로 가졌던 깊은 종교적인 신앙심을 외형적으로 표현하려는 여러 세대에 걸친 노력의 산물이었다. 대성당과 공공건물들은 우선 무엇보다도 지상에서 신의 영광을 나타내기 위하여 건축되었으며, 그들의 현세 생활의 주목적인 신에 대한 봉사와 말세에서의 구제를 얻기 위하여 건축되었다.

■ 프랑스의 관료제 & 영국 입헌군주제

중세 유럽의 왕권 강화정책은 프랑스에서 탈봉건적 색채를 띤 중앙집권적 통치 구조로 귀결됐지만, 영국에서는 의회와 입헌군주제가 출현하는 결과를 낳는다. 프랑스는 11세기 이전까지는 영국보다 지방분권적이었고, 왕권의 지배력은 상당히 제한되어 있었다. 12세기까지 프랑스의 왕은 일 드 프랑스의 작은 지역에서만 직접적인 지배권을 가지고 있었을 뿐, 그 외 대부분의 영토에서는 막연한 봉건적 주군의 권리만을 가지고 있었다. 전해 내려오는 이야기에 의하면 프랑스 왕이 제1대 노르망디 공에게 신하의 예를 요구했을 때, 공은 자신의 휘하 전사 중 한 명을 시켜 왕의 발에 키스하는 척하면서, 왕의 발을 잡아당겨 뒤로 넘어트려 웃음거리로 만들었을 정도로 프랑스의 왕권은 미약했다. 그러나 루이의 손자인 필리프 2세(1180~1223)가 등장하면서 왕의 권력을 갖추기 시작한다. 정치적 외교에 능했던 그는 봉건적 권리들을 잘 이용하면 영국의 존 왕으로부터 프랑스 서부의 영토를 빼앗을 수 있음을 알고 있었고, 자신이 전투에서 획득한 것을 어떻게 지켜내야 하는가도 잘 알고 있었다. 특기할 만한 점은 획득한 영토를 통치하기 위해 토착적인 통치 관행을 대부분 유지하되, 그들 위에 대관이라고 하는 왕실 직속의 새로운 지방행정관을 창설한다. 그들은 사법, 행정, 군사적 권한을 가지면서 상당히 많은 봉급을 받았기 때문에 국왕의 명령에 철저히 복종하며 담당 지역의 다양성을 국왕에게 유리하도록 조정했다. 그 후 관료제적인 중앙집권과 지방의 다양성 사이에 이루어진 균형은 프랑스의 기본 통치형식으로 남게 된다. 이처럼 필리프 2세는 왕국 행정조직을 국왕의 새로운 위상에 걸맞게 개편해나감으로써 왕권을 강화했고, 이후 필리프 4세 치세 하에서 탈봉건적 색채를 띤 중앙집권적

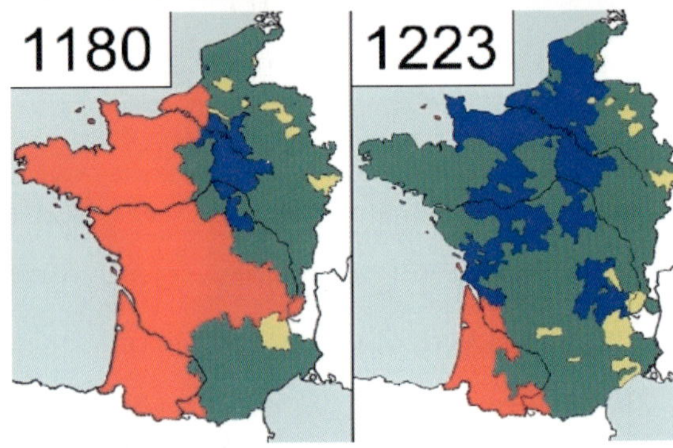

필리프 2세(좌)/필리프 2세 집권 후(1223) 늘어난 프랑스 영토

통치구조로 귀결된다. 세월이 지난 뒤 설립된 파리고등법원은 내부기능이 3개 부서로 세분화되고, 재무부서인 회계청이 설립되는 구조로 되어 있다. 1302년 삼부회가 출범하여 왕이 급전이 필요하거나 중요한 법률을 새로 제정할 경우 회의를 소집해 동의를 얻음으로써 이전에는 불가능했던 통치행위를 할 수 있었다. 이와 같이 왕권 중심의 행정체계가 정착되면서 왕은 신의 대리인이자 절대 권력을 부여받은 존재로 상정했다.

■ 영국 의회의 탄생

영국에서는 십자군 원정을 진두지휘했던 '사자 왕' 리처드 1세의 동생 존이 우여곡절 끝에 왕위에 오른다. 그는 폭군으로 유명하지만, 한편으로는 시대 상황의 희생자였다. 당시 존 왕은 수도원 수입을 왕실 재정으로 사용하였고, 귀족들도 교회와 농노들을 수탈하여 백성의 생활이 어렵게 되자, 농민들은 자주 반란을 일으킨다. 이러한 시대에 셔우드의 숲을 배경으로 한 로빈 후드와 의적들이 포악한 귀족이나 성직자의 재산을 빼앗아 가난한 사람을 돕는 '로빈 후드 이야기'가 탄생한다.

마그나 카르타 메모리얼(좌)/대헌장에 서명하는 영국 존 왕(우)

윌리엄이 영국을 정복한 이래로 잉글랜드의 왕은 프랑스 영토의 상당 부분을 통치하고 있었다. 그러나 존 왕 치세에 이르러서는 프랑스의 필립 2세(1180~1223)에 막혀 영토의 상당 부분을 프랑스에 내주고 말았다. 존 왕은 프랑스에 잃어버린 영토를 되찾기 위해 신규 과세를 남발하였으나, 영국의 귀족들은 존 왕의 선대왕들이 십자군 전쟁 등 각종 전쟁을 치르면서(헨리 2세 · 리처드 1세) 많은 소득세와 재산세를 징수했던 것에 이미 지쳐있었다. 귀족들은 존 왕이 처한 재정적 위기에 분개했으며, 결국 1215년 대주교(교회)와 손잡고 반란을 일으킨다. 또한 왕권을 제한하기 위해 개혁안을 제시하고 내용을 공식문서화 했는데, 그것이 대헌장(마그나 카르타)이다. 여기에는 교회와 국가 관계, 왕과 봉신의 관계, 왕의 통치와 절차와 관행, 제후들의 권리 등에 관한 요구사항이 51개조로 정리되어

에드워드 1세와 의회 구성원

있었다. 이로 인해 왕도 세금을 거둘 때 신하의 동의를 얻어야 하고, 자유민을 처벌할 때는 법의 구속을 당하는, 즉 왕이 법에 따라 존재하는 입헌군주제가 출현한 것이다.

이후 존 왕에게 반기를 든 영주들이 필리프 2세의 아들 루이에게 왕권을 제의하면서 잉글랜드를 침공한다. 존 왕은 전투에서 사망하고, 이후 왕위에 오른 헨리 3세는 프랑스에 잃은 영토를 수복한다는 구실로 멋대로 세금을 징수하려다, 왕과 귀족간의 대결이 벌어졌고, 또 다시 귀족들에게 무릎을 꿇고 그들이 제시한 옥스퍼드 조항, 즉 다시금 대헌장을 반포하여 영국의 정치는 사실상 귀족들로 구성된 15인 위원회에 넘겨졌다. 1265년 몽포르는 아예 귀족 지배를 제도화하고 통치 기구를 구성했는데, 이것이 영국 의회의 기원이 된다.

이에 반발한 헨리 3세의 아들 에드워드 1세는 군대를 일으켜 몽포르의 군대를 무찌르고 왕권을 되찾는다. 1274년 왕위를 계승한 에드워드 1세는 영국을 확실한 독립왕국으로 만들기 위해 성직자와 귀족, 시민 대표로 구성된 기구를 창설하는데, 그것이 바로 의회였다. 1295년 에드워드는 고위 귀족과 고위 성직자들에게 하급 성직자와 각 지방의 시민대표로 구성된 '모델 의회'를 구성하는데, 이후 의회 구성원들은 고위층과 서민 대표로 나뉘어 전자는 귀족원, 후자는 시민원(평민원)을 이루게 되었고, 이것이 상원과 하원으로 발전하게 된다. 강렬한 인상을 주는 의회에서 국왕의 위엄으로 지방 대표들을 압도해서 얻어지는 선전적 가치를 인식하고, 왕실의 위광을 직접 접한 지방 대표들이 왕실에 대한 호의적 인상을 널리 전파하게 하려는 정치적 의도도 내재하고 있었음은 물론이다.

영국의 의회는 시작부터 중세 시대의 막강한 귀족들의 연합체로 시작된 만큼 왕도 함부로 다룰 수 없을 정도로 그 지위가 높아졌고, 특히 의회의 동의 없이는 단 1파운드의 세금도 거둘 수 없다는 마그나 카르타의 효력 덕분에 왕은 귀족과 의회의 눈치를 볼 수밖에 없는 구조로 자리 잡기 시작한다. 그러나 엘리자베스 1세가 왕위를 물려받으며 그 위치가 바뀌게 된다. 엘리자베스는 자신의 정책에 의회가 반대하자 의회를 해산해버린다. 의회의 동의가 없으면 세금을 거둘 수 없었지만, 엘리자베스 시대에는 해외식민지 개척으로 얻어지는 엄청난 이익으로 세금을 걷지 않고도 후임 왕에게 막대한 국고를 남겨줄 정도였다. 잠시나마 영국의 절대왕권이 성립하는 순간이었다. 이러한 절대왕권은 후임 제임스 1세를 거쳐 찰스 1세 때까지 유지된다. 귀족들은 세금을 거두지 않는 국왕에게 불만은 있을 수 있어도 반발할 수는 없었다. 그러나 찰스 1세에 와서는 빈번한 전쟁자금의 소모로 국고가 바닥을 보이기 시작하고, 결국 찰스 1세는 의회를 다시 열게 되었다. 때를 만난 귀족들은 마그나 카르타의 권리를 재확인하는 권리청원의 서명을 국왕에게 요구했고, 국왕은 이를 허락하는 조건으로 전쟁에 필요한 세금을 거둘 수 있었다. 귀족세력의 힘은 단순히 마그나 카르타에만 의존하는 것이 아니었고, 귀족들이 소유한 군사력이 국왕군을 제압할만한 힘이 있었기 때문에 마그나 카르타의 효력을 오랜 기간 유지할 수 있었다. 하지만 3대에 걸친 절대왕정 기간에 국왕의 군사력은 이러한 수식을 뒤엎을 만큼 강력해져 있었고, 왕정체제 하의 권력에 길든 찰스 1세는 권리청원 1년만에 의회를 해산하고, 11년간이나 마그나 카르타의 효력을 무시하고 마음대로 세금을 거두게 된다. 찰스 1세는 의회해산 후에 더욱 오만방자해져 의회귀족 세력을 무력으로 제압할 수 있다고 믿어버린다. 종교적 문제도 발생시키는데, 영국국교회만 인정하고 가톨릭과 여타의 신교세력은 탄압하게 된다. 그 대표적인 사례가 장로파가 우세한 스코틀랜드에 대한 국교회 통일령이었고, 이에 반발한 스코틀랜드와 전쟁을 벌이게 된다. 이 일로 국교도가 아닌 귀족세력들의 반감을 샀고, 절대왕권의 또 다른 지지축이던 신교세력의 신흥부르주아들에게도 미움을 받게 된다. 게다가 국왕군은 대부분 스코틀랜드에 집중된 상황에서 전비가 부족해진 왕이 전비 마련을 위해 추가 세금을 걷고자 의회를 연 것이 비극을 자초하게 된다. 의회 귀족세력과 신흥부르주아들은 의회가 열리자 제일 먼저 국왕에게 권리청원을 요청하였는데, 이를 거부한 국왕과 의회파 간의 내전이 발발하게 된다. 찰스 1세는 국왕군의 무력을 믿고 이러한 행동을 취한 것이지만, 스코틀랜드 전쟁에 묶여 있는 상황에서 의회파와의 대결은 결코 만만한 상황이 아니었고, 귀족과 대립각을 세울 때 돈으로 국왕의 힘이 되어줄 부르주아 역시 종교문제로 국왕에게 등을 돌려버린 상황이었다. 결국 찰스 1세는 내전에 패해 죽임을 당하고, 영국은 공화정으로 이행되게 된다.

영국과 프랑스는 군주제적 중앙집권화와 국가건설이라는 비슷한 과정을 거쳤지만, 뚜렷한 근본적 차이점이 존재하는데, 영국은 프랑스보다 국토가 작은 까닭에 통합이 훨씬 단순했다. 영국에는 다른 언어나 전통을 가진 독립된 영역의 지역들이 존재하지 않았고, 지역적 불만을 확대해 분리주의를 실행시킬 귀족들이 상대적으로 적었다. 이것은 영국이 내부분열 위협에 직면할 가능성이 덜했고, 의회와 같은 통합된 국민정부의 강력한 제도들을 발전시킬 수 있었음을 의미한다. 이러한 역사적 배경은 향후 수백 년에 걸친 두 나라의 민주주의 국가형성 발전과정에 중요한 차이점으로 작용한다고 할 수 있다. 영국의 왕들은 지방의 기사들에 의지하면서 급료의 부담 없이 많은 일을 실행할 수 있었는데, 지방 정부 운영에 대한 경비의 부담은 덜했지만, 기사들의 자발적 참여 없이는 원활한 국가 운영이 불가능했고, 영국의 왕들은 업무에 대해 국민들에게 공식적 동의를 얻고자 특별히 노력했으며, 시일이 지나면서 점차 제헌군주국가로 발전해 간다.

프랑스는 당시 유럽 제1의 부유하고 광대한 영토를 바탕으로 중앙 및 지방에서 좀 더 관료적이고 급료에 의존하는 행정부를 유지하는 데 필요한 경비를 충당할 수 있었다. 프랑스의 왕들은 좀 더 절대적인 지배권을 행사할 수 있었음에도 지역 분리주의 위협에 계속 직면해야 했다. 프랑스의 여러 지역은 여전히 고유의 전통을 간직했고, 상층 귀족계급과 연계하여 지역 분리 시도를 추구했다. 1700년경까지 프랑스 국왕들은 지방주의에 맞서 다양한 조치를 마련해야 했는데, 왕실 본거지의 번창하는 농업과 날로 성장하는 상업 덕택에 재원은 충분히 확보하였고, 그로 인해 세력이 날로 더 강대해졌다.

■ 영국과 프랑스의 100년 전쟁(1328~1452)

영국과 프랑스의 라이벌 의식은 반 이상의 프랑스 영토를 거느리던 헨리 2세 때로 거슬러 올라간다. 영국은 존 왕이 윌리엄 왕 이후 소유하던 프랑스 내 자국 영토를 대부분 빼앗긴 데 대한 아쉬움이 존재해 있었고, 프랑스는 영국이 자신의 영토에 대해 권리의식을 가진 것에 대해 항상 불만이었다. 여기에 에드워드 3세가 자신의 어머니인 프랑스 왕 샤를 4세의 누이라는 점을 내세워 자신이 프랑스 왕위를 계승해야 한다고 주장한 것을 계기로, 양국은 기나긴 100년 전쟁에 돌입한다. 14세기 초 양모수입을 통해 많은 관세 수입을 안겨주던 '플랑드르' 지역이 프랑스 세력권으로 편입되는 것을 견제하기 위한 정치적 이유도 있었음은 물론이다.

100년전쟁은 휴전과 재발, 공격과 후퇴의 연속이었다. 영국군은 바다를 건너 프랑스를 공격했다. 당시 국력이나 인구수는 프랑스가 우위였지만, 영국군은 갑옷으로 무장한 프랑스 기병대에 맞서 용감하게 싸웠고, 무엇보다도 영국군에게는 긴 활(석궁)이 있었다. 그 활의 위력이 어찌나 강했던지 영국군은 초반에 승기를 잡을 수 있었다. 에드워드 3세의 용맹한 맏아들 블랙 프린스의 지휘와 긴 활의 위력에 힘입어 영국군은 승리를 거두었고, 한때 프랑스를 거의 점령할 수 있었다. 그러나 전쟁이 지속되면서 정복한 영토에 파견한 군인들의 유지비가 점점

버거워지기 시작하고, 이때 흑사병이라는 끔찍한 전염병이 유럽을 공격했다. 이 재앙으로 수많은 인구가 목숨을 잃고, 들판의 곡식은 수확할 농부가 없어 말라 버렸다. 결국 1360년 '앙주'와 '노르망디'를 포함한 지역들을 포기하고, '칼레' 와 '아키텐'만 남긴 채 첫 번째 평화조약을 맺게 된다.

전투능력이 뛰어났고 야심찼던 영국의 헨리 5세는 1415년 전쟁을 재개한다. 뛰어난 전술과 석궁의 활약으로 영국은 노르망디와 앙주를 되찾고, 파리 근처까지 접근하여 1420년 헨리 5세가 프랑스 샤를 6세의 뒤를 이어 프랑스 왕이 될 것임을 서약했던 평화조약까지 맺었지만, 프랑스의 작은 마을에서 양을 치던 한 소녀의 등장이 이 모든 것을 바꾸어 놓는다. 영국으로부터 프랑스를 구하라는 하나님의 음성을 듣고 왕을 찾아간 잔 다르크의 이야기를 프랑스 왕은 처음에는 믿으려 하지 않았지만, 전세가 계속 기울어지자 지푸라기라도 잡는 심정으로 그녀에게 지휘권과 갑옷을 내렸다. 이후 잔 다르크는 수많은 전투를 승리로 이끌었고, 영국은 칼레만 남기고 연거푸 패전하게 되어 프랑스 정복의 야망을 접어야 했다. 하지만 그녀 덕에 왕이 됐던 샤를 7세는 그녀에게 위협을 느꼈으며, 영국군에게 포로가 된 잔 다르크를 구하려는 시도조차 하지 않았다. 결국 19살의 나이에 산채로 화형을 당하고, 수많은 인명 손실과 폐허만 남긴 채 전쟁은 종결을 맞게 된다.

프랑스에 영토가 있거나 앞으로 가질 꿈을 꾸었던 영국의 귀족들은 그렇게 긴 전쟁에서 얻은 것이 없이 물러났다는 충격과 상실감에 서로에게 책임을 묻기 시작했고, 전쟁에서 돌아온 군인들은 흉년에 전염병까지 겹쳐 거지 신세가 되었다. 귀족들은 이러한 군인들을 모아 군대를 키우며, 세력다툼에 힘을 쓰기 시작하면

프랑스를 구한 17세 소녀 잔 다르크

서 왕실의 권위는 약해지기 시작했다. 세력이 강해진 귀족들이 1455년부터 30년간 왕위를 놓고 다시 전쟁을 치르게 되는데, 이것이 장미전쟁이다. 한편 프랑스는 전쟁의 여파로 국토가 완전히 황폐되었고, 영국을 증오하게 되었으며, 국민 간의 적대감정을 유발시켜 프랑스와 영국의 앙숙관계는 오늘날까지 계속된다.

■ 도시의 성장과 상업의 부활

11세기 중엽 새로운 도시가 광범위하게 생겨나면서 점차 도시 시민계급이 형성된다. 이와 함께 나타난 새로운 사회현상은 유럽 대부분의 지역에서 농업분야에, 귀족과 농민에게 영향을 끼쳤다. 이는 15세기까지 지속된 봉건제와 밀접한 관련이 있다. 11세기 이후 도시는 자유와 진보를 약속하는 곳으로 도약한다. 성당에 십일조를 바치고 봉신이나 봉주에게 보호세를 내던 농부들이 도시로 몰려와 수공업자가 되고, 시민권을 획득하여 자유를 보장받았다. 농업혁명과 농노해방으로 자유로워진 농노나 자유농민들이 여분의 곡물을 시장에 내다 팔며 상업이 부활하게 되자 새로운 결제방식이 필요했다. 이전의 장원체제에서는 대부분 자급자족이나 물물교환을 통해 해결하였으나, 상품이 전문화되고 시장이 성장하면서 주화가 필요하게 되고 화폐경제가 확대되기 시작한다. 상업을 활성화시킨 것은 화폐경제와 더불어 도시의 급속한 성장이 촉진제 역할을 했다.

도시중심의 사회체제

중세 후반에는 유럽 전역에 많은 도시가 새롭게 등장했는데, 고대 로마 이래 명맥을 유지해오던 기존의 도시들도 방대한 규모로 확대되었다. 유럽 중부 지역의 과거 로마 시대 거주 지역이 아니었던 곳에는 12세기에 프라이부르크, 뮌헨, 베를린 같은 새로운 도시들이 건설되고, 과거 로마 시대에 주교 관교 역할을 했던 서유럽의 파리, 런던, 쾰른 등의 도시들은 인구가 배 이상 증가했다. 이러한 도시의 확

중세도시의 흔적이 고스란히 느껴지는 유럽의 소도시 골목

장은 특히 이탈리아에 집중되었는데, 베네치아, 제노바, 밀라노, 볼로냐, 피렌체, 나폴리 등은 13세기에 이르러 인구가 10만 명에 달했다. 이 지역들은 해상 무역의 요충지였고, 십자군 원정의 중간 지점이었다. 십자군 원정으로 지중해 무역을 서유럽이 장악하면서 이들 도시의 성장세가 급등했는데, 특히 이슬람과 비잔틴 제국을 제치고 지중해 무역을 독점한 이탈리아 상인들은 그 재력을 바탕으로 훗날 르네상스 문화운동의 원심적 역할을 수행하게 된다. 또 다른 도시들의 성장 원인으로는 일차적으로 원거리 무역의 부활에 있었고, 이차적으로는 인근 지역의 번영과 부에 입각하고 있었다. 인근 지역에 시장과 수공업자들이 만든 공산품을 제공하며, 상품생산의 기능을 갖추며, 경제체계 전반으로 번영하였다. 반면 도시민들의 식량은 인근 지역에 의존하여 상호 발전을 도모했다. 도시가 발전하면서 도시들은 각각 특성을 갖추기 시작했는데, 베네치아, 제노바, 쾰른, 런던 등은 원거리 무역의 중심지가 되었고, 파리와 볼로냐는 일류대학을 육성함으로써 부를 획득하게 되었다. 그리고 밀라노, 켄트, 브뤼주 등은 제조업을 중심으로 성장했다.

중세 말기 도시중심의 사회체제로 변환되면서 사회계층의 재편성이 시작되고, 결국 봉건제는 해체되고 만다. 젊은 시민계급은 도시의 재정조달과 행정을 담당했으며, 건축, 조각, 회화 등 예술 프로젝트를 수공으로 실행하는 데 큰 역할을 했다. 특히 상징적인 성당 건축에 있어서 본질적인 몫을 했다. 새로운 시민 생업 도시의 탄생으로 변화가 시작되는 새로운 문화와 사회의 증거물인 성당이 속속 등장하였다. 혁신적인 발명과 발견들로 새로운 땅이 발견되던 시대였다. 이러한 시대에 고딕 양식은 높이의 추구, 새로운 건축기술, 흐르는 듯한 형태와 우아한 선과 장식적 요소 등 온갖 새로운 양식요소들로써 기존의 봉건 권력과 점점 떠오르는 시민들 사이의 긴장감 넘치는 만남을 반영하였다.

중세 도시생활

중세 도시의 생활은 현대 도시의 삶과는 아주 달랐다. 도로는 포장되지 않은 상태였고, 상하수도 시스템은 갖추어지지 않아 위생상태는 매우 열악했다. 배설물로 인해 악취가 가득하고, 주택에는 채소를 재배하기 위한 텃밭이 있었으며, 가축이 사육되었다. 주거지는 대부분 목조 건물인 데다가 밀집되어 있었고, 종종 화재가 발생하면 도시 전체가 타버리곤 했다. 비위생적인 환경과 인구 밀집으로 인해 전염병에 쉽게 노출되었다. 또한 경제적 갈등이나 가문간의 대립으로 말미암아 종종 유혈폭동이 발생하기도 하였다.

■ 고딕 건축

12세기 중반 프랑스에서 등장한 고딕 성당은 인류가 만든 건축물 중에서 가장 빛을 갈망한 건축이었다. 고딕 성당은 이를 해결하기 위해 건축의 3가지 기술적 요소를 고안하였다. 이전 시대에는 각각 독립적으로 사용되던 첨두형 아치, 플라잉 버트레스, 내부 기둥의 상호 결합으로 거대한 석조건물의 육중한 하중을 효율적으로 분담시켜 일체화된 고층형 골조식 구조체를 시도했는데, 가장 중요한 구

조적 해결은 플라잉 버트리스다. 이전의 로마네스크 양식 건축의 벽은 두껍고 창문은 작아서 신비로운 내부공간 창출에 한계가 있었다. 이를 해결하기 위해 벽의 하중을 외부로 유도하고자 벽에서 떨어져 거리를 두고 측면의 벽을 지탱하는 버팀벽(butless)을 이렇게 부른다. 성당 내부 기둥, 소원주, 버팀 기둥으로 압력을 흡수하여 아치형 버팀벽을 통해 성당 벽 바깥으로 유도하여 내부 벽체들은 하중을 거의 받지 않아 손쉽게 벽에 구멍을 내서 크고 화려한 유리창을 설치할 수 있게 됐고, 벽면의 붙은 기둥도 더 가늘어졌다. 이로 인해 성당 내부는 전에 없던 신비로운 빛으로 가득 찬 종교적 성격에 맞게 발전하였다.

한편 위로 높이 올라가고자 한 열망은 끝이 뾰족한 아치(첨두 아치=pointed arch)로 해결하였다. 이전 로마네스크의 반원형 아치는 정방형 평면에 한정되어 기둥 위로 반원의 아치를 올리면, 그 높이는 기둥간격 이상 높아질 수 없다. 반면 첨두 아치는 기둥(양측 지지점) 간격을 넓게 형성할 수 있어서 양측 지지점의 간격을 넓게 할 수 있을 뿐 아니라 더 높게 높이를 조절할 수 있었다. 바닥에서 궁륭(천정)

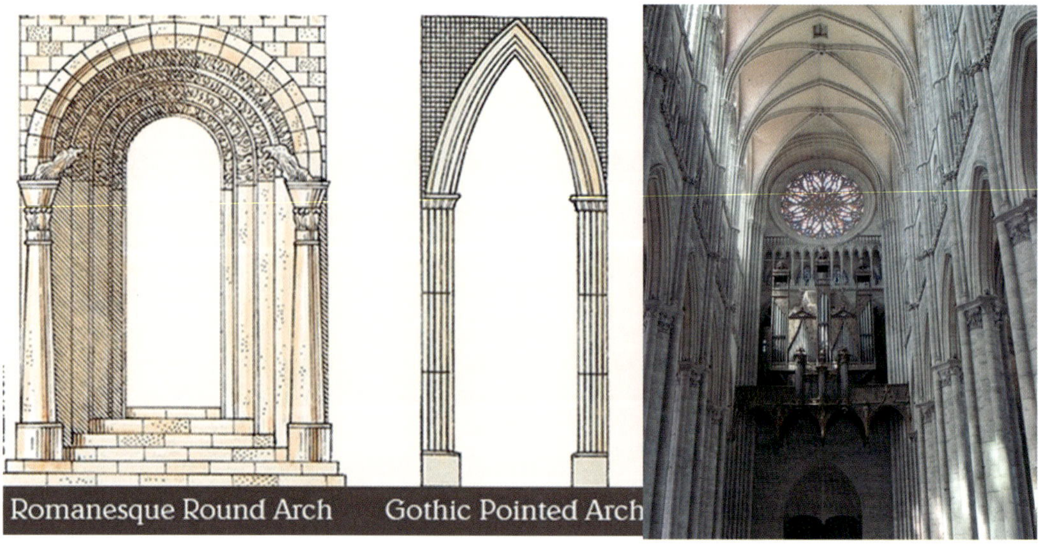

반원형 vs 포인티드 아치(좌)/고딕 리브 볼트 천장(우)

까지의 높이가 45m에 달하는 고딕 성당은 이러한 기술로 가능할 수 있었다.

그러나 아무리 높고 빛이 가득 찬다 하더라도 지붕이 가벼워야 기둥도 가늘어지고 창을 크게 낼 수 있었다. 그러기 위해 둥근 천장의 돌 무게를 가볍게 하면서 이를 갈비뼈 모양의 부재로 보강했는데, 볼트에 갈비뼈를 덧붙여다 하여 **리브 볼트**(rib vault)라고 한다. 지붕의 무게가 갈비뼈 모양의 부재에 전달되고, 다시 기둥다발로 하중이 모여서 바닥으로 내려 보내는 것이다. 고딕 건축은 서양 건축 역사상 구조적 · 장식적으로 가장 복잡한 건축 양식 중 하나인데, 특히 장식은 외

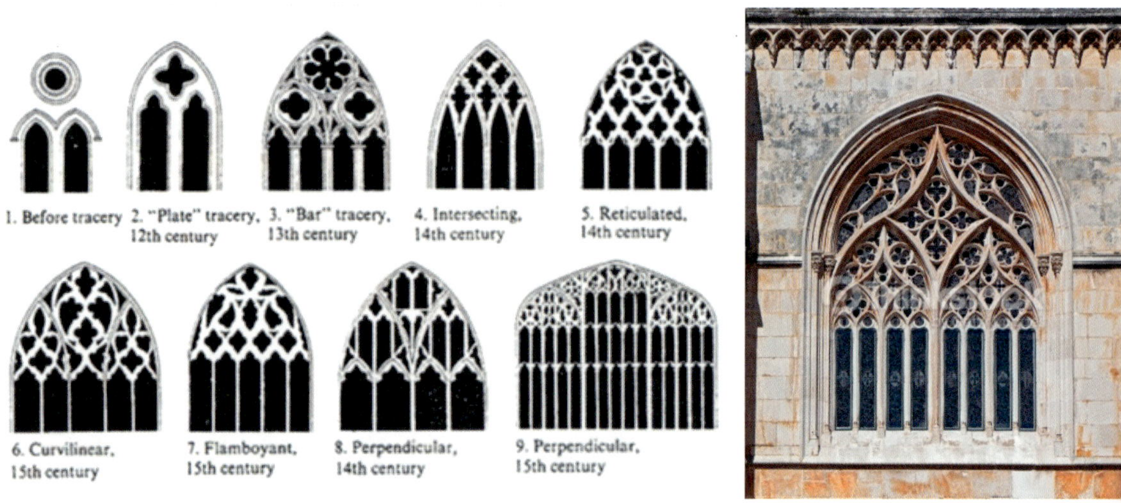

고딕 트레이서리 무늬 & 외부 트레이서리 창

부에 집중되었다. 높은 건축물은 수많은 창문으로 에워싸여져 있고, 장미꽃 무늬 창문, 섬세한 트레이서리 무늬, 정교하게 조각된 전면 파사드, 수많은 기둥 그리고 이무기돌(괴물 머리 모양의 지붕의 홈통 주둥이) 등이 포함되어 있다. 스테인드글라스 창문과 일부 지역(영국)의 장식성 리브볼트를 제외하면 내부는 간소하고 엄격하게 처리되어 있다. 그러나 자연상태에서 찾아볼 수 없는 스테인드글라스 창을 투과한 태양광선의 풍요로움과 화려함은 중세 시대 어느 공간에서 느낄 수 없는 신비한 공간 분위기를 연출한다.

고딕 성당은 신의 영광을 위해 봉헌된 것이기도 했지만, 중세 시대 인간과 자연의 아름다움에 대한 관심의 표현이자 지적 정수를 표현한 것이기도 했다. 성당 외부를 장식하고 있는 인물, 식물, 동물의 조각상은 당시까지 제작된 어떠한 조각상보다 훨씬 자연스럽게 표현되고 있었다. 수많은 상징적 모습들을 간직한 개개의 성당들은 글을 읽을 줄 모르는 사람들을 위해 돌에 새겨놓은 일종의 중세 지식 백과사전이었다. 고딕 성당은 성장을 거듭하던 중세 도시의 중심이고, 도시

아미앵 대성당 장미창(내부, 좌)/서쪽 파사드(우)

인의 공동체 생활 중심이자 자부심을 표현한 것이기도 했다. 새로운 성당이 건립될 때 시민 모두가 건축에 참여했고, 시민들은 성당을 자신들의 재산처럼 생각했다. 많은 고딕 성당들은 도시 간의 경쟁의 산물이었다. 각 도시는 더 크고 높은 건물로써 인근 도시를 압도하려 했으며, 때로는 욕심이 지나쳐 미완성으로 남기도 하였다.

그러나 완성된 건물들은 대부분 지금도 그 거대한 규모를 자랑하며 남아있다. 영원한 생명을 소망하며 지어진 이 건축물들은 이 시대에 구가된 풍요를 시각적으로 극명하게 보여 주고 있다.

고딕 구조체계

로마네스크 양식의 두꺼운 벽체와 어두운 실내공간을 탈피하기 위해 프랑스 건축의 장인들은 노르만 양식 건축술을 이용한 새로운 구조시스템을 시도하였다. 이전 시대에는 각각 독립적으로 사용되던 첨두형 아치, 플라잉 버트레스, 내부

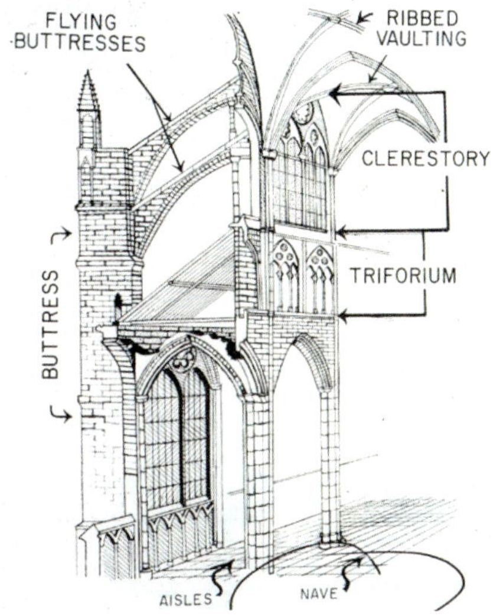

기둥의 상호결합으로 거대한 석조건물의 육중한 하중을 효율적으로 분담시켜 일체화된 고층형 골조식 구조체를 완성한다. 이러한 시스템은 성당 내부의 기둥, 소원주, 버팀 기둥으로 이루어졌고, 압력을 흡수하여 아치형 버팀벽을 통해 성당 벽 바깥으로 유도해낸다. 십자형 늑재궁륭과 첨두형 아치가 이를 뒷받침하는데, 파리 근교 생드니의 수도원에서 처음으로 도입되었다. 기능성뿐 아니라 공간적, 형태적 측면과의 조화도 우수하여 서양 건축 역사상 가장 합리적이고 이상적인 구조체계로 평가받는다.

고딕 건축가들은 이슬람 건축의 영향을 받아 로마네스크 시대 석수들의 원통형 아치와 돔형 지붕을 포기했다. 그들은 비잔티움 건축의 돔을 굳이 모방하려 하지 않고 뾰족한 아치를 개발하는 데 성공했다. 뾰족한 아치를 쓰면 건물 내부가 훨씬 더 밝아지고 환기 효과도 좋을 뿐 아니라 더 높은 대성당을 지을 수 있었다. 그러나 뾰족한 아치를 도입하는 데 따르는 난점도 있었다. 이를 극복하기 위해 그들은 로마네스크 건축가들이 수백 년 전에 개발한 방법을 그대로 계승했다. 돔형 아치를 지탱하려면 육중한 벽이 필요하다. 그래서 로마네스크 건축가들은 지붕의 하중이 걸리는 네 접점을 특별한 기둥에 얹었다. 이 기둥은 벽의 일부로 보이지만, 실제로는 독립적인 구조물이었으므로 지진이 일어나 벽이 무너져

도 지붕을 떠받칠 수 있었다. 고딕 건축가는 거기서 몇 걸음 더 나아갔다. 그들은 먼저 기둥만을 고려한 뒤에 벽을 세웠다. 마치 오늘날 마천루를 세울 때 철골을 먼저 조립한 뒤 그 위에 벽을 덮는 것과 같다. 이 경우 벽은 지붕을 지탱한다는 본래의 기능이 사라진다. 그래서 맨 위층부터 벽을 쌓으면서 아래로 내려올 수도 있다. 고딕 건축가들의 목적이 달성되자 벽은 이제 '창문을 끼우는 곳'으로 기능이 축소되었다. 고딕 성당의 기둥은 건물 전체에서 가장 중요한 부분이 되었다. 12세기 건축가들은 기둥을 한층 강화하기 위해 또다시 로마네스크 건축가들의 아이디어를 빌렸다. 로마네스크 성당은 측랑을 정식으로 추가해 건물 주요부의 벽을 보강하는 방식을 취했다. 고딕 건축가들은 건물의 형태를 수직의 유선형으로 만들기 위해 '플라잉 버트리스'(flying buttress)라는 것을 고안했다. 이것은 기둥이 무거운 돌 지붕의 압력을 받아 바깥쪽으로 밀려 나오지 않도록 안쪽으로 밀어주는 역할을 한다. 신랑 상부 리브볼트와 그 구조 단위에 맞춰서 측랑 외곽에 높게 세워진 부축벽을 상호 연결하는 반아치 형태의 부재로 건축물 상부에서 내려오는 하중이 외벽을 통해 분산되도록 역학적 기능을 한다. 외부에 노출되어 공중에 떠 있는 것처럼 보이는 플라잉 버트레스는 리브 볼트 하부기둥들의 횡압력을 감소시켜 더욱 높은 높이에 대응하고, 부피를 감소시켜 내부 공간을 수평, 수직으로 확장하는 중요한 역할을 맡았다.

플라잉 버트레스는 순전히 구조적 요구에서 출발한 고딕의 독특한 수법으로서 이 플라잉 버트레스의 완성은 매우 중대한 의의가 있다. 볼트에 작용하는 하중은 플라잉 버트레스에 의하여 지지하게 되므로 네이브 외벽에는 넓은 창을 자유롭게 만들 수 있게 되어서 벽면이 매우 감소하였다. 따라서 주로 건물 입면에 대한 장식적 수법은 창에 집중되어 고딕의 독특한 트레이서리(tracery)가 발생하게 되었으며, 그 창에는 아름다운 스테인드글라스를 사용하게 되었다.

고딕 교회의 스테인드글라스는 내부로 빛을 유입하도록 하여 종교적 신비스러운 공간창조에 큰 역할을 하였다. 특히 고딕 교회 내부의 작은 색유리 조각들을 통해 들어오는 신비스런 빛을 감상하던 그 시대의 사람들은 슬픔과 눈물로 가득한 현세의 괴로움을 잠시나마 잊을 수 있었을 것이다. 스테인드글라스는 유리에 금속 산화물을 섞거나, 더 일반적으로는 유리 표면에 물감을 칠하고 불에 구워 착색시킨 판유리를 가리킨다. 이 색유리 조각들을 납으로 붙이면 일정한 무늬나 그림을 만들 수 있다. 그러므로 스테인드글라스는 회화라기보다 모자이크에 가까운데, 실은 궁극적인 용도에서 보면 회화나 모자이크와 전혀 다르다. 교회 내부에 녹색, 노란색, 붉은색, 자주색의 덩어리들을 각각 따로 놀게 배열해서는 안 된다. 색채를 잘 섞어 보기 좋은 분산 효과를 내야 한다. 즉, 햇빛이 맑은 날 바닷속에서 보는 것과 비슷한 분위기를 만들어야 한다.

중세의 다른 많은 '발명품'처럼 스테인드글라스 창도 원래는 동양에서 유래했다. 처음 스테인드글라스 창을 만든 곳은 지금도 유리공업의 중심지인 베네치아로 추측되며, 10세기경으로 예상한다. 현존하는 가장 오래된 스테인드글라스는 아우크스부르크 대성당에서 볼 수 있는데, 그로부터 얼마 뒤 샤르트르 대성당에서 멀지 않은 프랑스 소도시 르망의 교회에서도 스테인드글라스 창이 제작되었다. 몇 해 뒤에는 영국에도 전해져 현재 캔터베리 대성당에는 초기 스테인드글라스의 일부가 남아 있다. 이 발명품은 상당한 인기를 끌어 금세 유럽 전역으로 퍼졌다. 스테인드글라스 창은 매우 실용성이 컸고 수백 년 동안이나 바라던 발명품이었다. 고딕 양식의 발달은 유리의 수요를 촉진해 유리공업에 크게 기여했다. 인기가 높았던 루비빛의 붉은색 같은 유리는 엄청나게 값이 비쌌고 구하기도 어려웠다. 나중에 고딕 건축가들은 측면 벽을 대형 창문으로 가득 채웠으며, 정면 벽도 중앙부 전체를 대담하게 없애버리고 커다란 원형 장미창을 설치했다.

빛으로 가득한 최초의 고딕 교회 탄생: 생 드니에 수도원(1144)

1130년경 파리 북부의 생드니 수도원 성당은 당시 유행하던 로마네스크(Romanesque) 양식에 따라 건축 중이었다. 로마네스크 양식의 두꺼운 벽과 탑은 견고한 성채를 연상시킴으로써, 세상의 암흑세력과 '전투하는 교회(Ecclesia militans)'의 모습을 보여 준다. 본체가 완성되고 제대 뒤의 반원형 부분을 건축하면서 쉬제르 수도원장에게 영감이 떠올랐다.

> "이제 도시가 번성하고 온 세상이 신을 믿게 되었는데, 왜 세속과의 전투만 생각해야 할까? 우리가 받은 신의 축복을 함께 나누면 어떨까?"

생드니에 소제실의 늑골천장

그는 두꺼운 교회벽을 헐어내고 온통 빛으로 가득한 자신의 수도원을 짓고자 했다. 이전의 건축 양식과는 다른 양식으로 건물을 짓고자 했고, 그 결과 완성된 교회 건물의 양식을 라틴어로 현대 양식이라 했지만, 당대 사람들에게 낯설게 받아들여진 이 양식은 후에 고딕이라는 명칭이 붙여졌다. 고딕 양식은 이 성당의 제실공간을 증축했던 1144년에 구체적으로 출현하게 되었는데, 내진에 위치한 제단 후면에 위치한 후진에는 방사형으로 배치된 소제실이 연속으로 설치되었다.

소제실의 천장에 나타나는 부챗살처럼 방사형으로 퍼져있는 늑골천정은 미숙하

생드니에 성당 정면 파사드

지만 리브볼트의 고딕 양식 발생기의 모습을 잘 나타내고 있다. 이 공간은 늑재 궁륭과 첨두 아치의 궁륭 형태를 결합해 채광을 더욱 늘릴 수 있게 하여 고딕 건축의 고유한 분위기를 갖게 하였다. 제실 공간에 사용된 스테인드글라스는 이전 시대의 두껍고 작은 창을 대신 했는데, 유리를 통해 들어오는 빛은 찬란했고, 돌로 된 벽은 '빛의 벽'으로 바뀌었다. 신비로운 빛의 공간으로 표현된 최초의 고딕 성당은 이렇게 등장하게 된다. 건물 정면 장미창과 세 개의 정문이 있는 파사드도 생 드니에 성당에서 최초로 등장하는데, 이후 이러한 형태의 파사드는 조각 정문과 함께 고딕 성당의 표준이 된다. 장미창이라고 불리는 원형창은 정문 위쪽 중앙에 거대한 태양처럼 빛나면서 외부의 빛을 변화시켜 성당 내부공간으로 끌어들였다. 장미창은 고딕 시대의 새로운 세계상에 속하는 것이며, 동시에 빛의 근원으로 나타나는데, 태양은 그리스도를, 장미는 성모님을 상징하기 때문이다.

고딕 성당의 결정체: 아미앵 대성당(1220~1336)

12세기 후반 아미앵, 랭스, 프랑스 남부 및 북부의 다른 도시들에서도 고딕 양식이 전파되기 시작한다. 프랑스 북부지방의 중심도시 아미앵에서는 고딕의 모든 기술과 양식이 종합된 대규모 성당이 지어진다.

중랑은 좁히고 양쪽 측랑을 높임으로써 내부공간이 압도적으로 높아 보이게 했고, 서쪽 파사드 중앙의 장미창의 기하학적 장식인 트레이서리는 이전의 성당들보다 더 풍부하고 장식을 강조한 디자인으로 발전하게 된다. 고딕 성당의 중앙부 정면은 서쪽에 위치한다. 그와 함께 남쪽과 북쪽에도 중앙 정문보다 크기가 작은 두 개의 정문(파사드)이 있는데, 서쪽은 성당 내부공간의 높은 중랑과 연결되고 내부공간의 두 측랑들은 남쪽과 북쪽 정문과 연결되는 것이다. 또한 파사드는 두 개의 탑으로 강조되는데, 고대 기독교 빛의 신학은 서쪽 파사드를 천국문으로 이해하였다. 이러한 문의 상징적 의미는 넓은 정문들을 조각으로 장식함으로써 강조되었는데, 정문 위에는 길게 늘어선 구약성경의 왕들과 성자들 무리의 형상이 나타난다. 아미앵 대성당에서는 서쪽 파사드 원형창 아래에 등장하는데, 그리스도 선조 왕들 또는 프랑스 왕들에서 연원한 것이라 하여 왕의 갤러리라고 호칭한다.

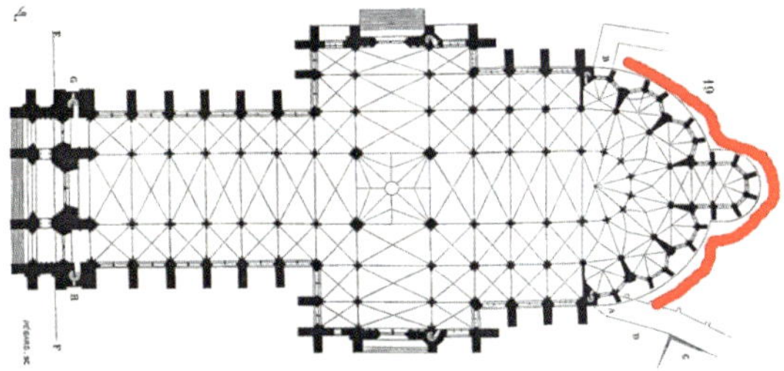

영국의 고딕 성당

영국은 노르만 왕조 이후 프랑스 지역을 일부 통치하거나 지속해서 교류가 가능하여 고딕 건축의 수용과 전개에 유리한 조건을 갖추었다. 이를 바탕으로 프랑스 다음으로 고딕 건축이 발전하였는데, 남동부 지역을 중심으로 12세기 말부터 도입된 후 16세기 초까지 프랑스와 거의 동시대에 전개되었다. 영국의 고딕 성당은 프랑스와는 다소 다른 독창적인 양식으로 발전하였다. 기둥에서 천장으로 뻗어 나가는 리브의 수가 부챗살 형태처럼 많아져서 장식적 리브볼트 형태인 선상형 볼트로 발달하였고, 장식적 요소와 선을 강조하는 영국 고딕만의 특징적 요소로 표현된다.

초기 영국의 고딕 양식은 캔터베리 성당 증축(1174~84)에서 시작된다. 프랑스 고딕 양식을 모방하였는데 노르망디 로마네스크를 기본 양식으로 6분 리브볼트, 기둥체계, 아케이드 수직비례 등에서 프랑스 고딕 어휘를 사용하였으나, 부분적 차용으로 인한 변용된 고딕 양식으로 발전하였다. 대표적 특징으로는 건물높이에 비해 선형어휘가 과다하게 쓰여 아치와 기둥이 자잘해지면서 기하학적 장식을 강조하는 경향으로 나타났다. 평면에서는 긴 수평구성과 이중 트랜셉트가 나타났는데, 꼬리, 몸통, 머리로 구성된 각 부위의 크기를 보면 꼬리와 몸통 부분이 거의 1:1로 구성되어 내부가 길게 보이는 효과가 있다. 수평 확장은 수직성을 포기한 대안적 성격이 강하며, 이후 수평선은 영국 중세건축의 대표적 특징으로 자리 잡는다. 제단 위 천장에는 세 개의 리브가 서로 교차하며 궁륭을 6분할하고 있고, 예배당 신랑 천정은 이보다 한층 복잡하고 독특한 형태의 지붕구조를 취하고 있다. 궁륭은 X자로 교차하는 두 개의 리브로 나뉘며, 교차지점에 두 개의 수

캔터베리 성당 내부: 6분할 리브천장

평, 수직 리브를 추가하였다. 이렇게 나눠진 궁륭 내부면에는 작은 리브가 또다시 추가되어 복잡하고 장식적인 형태의 지붕이 형성된다.

캔터베리에 나타난 프랑스 구조 합리주의와 영국 장식주의는 이후 다른 영국의 고딕 성당 건축에 영향을 끼치는데, 특히 링컨, 엑시터 성당 등에서 장식주의를

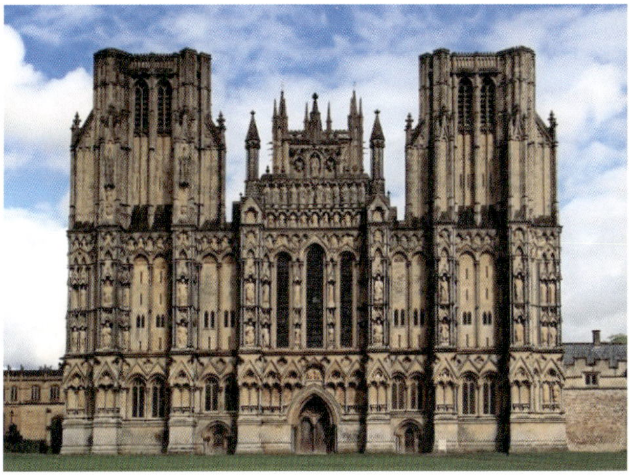

웰스 대성당 외부정면(좌)/내부 궁륭(우)

엑시터 성당의 부채살 리브

이어받아 번성시킨다. 장식 양식은 영국의 국민성과도 잘 맞아 크게 번성했다. 프랑스 고딕 성당과 비교해 영국의 고딕 성당들은 훨씬 육중한 느낌을 주면서 수평성이 강조되는데, 웰스 대성당(1180~1240) 정면의 거대하고 육중한 두 개의 대칭탑은 이런 형상을 잘 보여 준다. 엑시터 성당(1280~1342)은 장식적인 면에서 더 복잡한 양상을 보여 주는데, 세 개의 출입문이 나 있는 파사드의 하단 벽면은 빈틈없는 입상조각들로 메워져 있고, 첨탑의 장미창과 트레이서리도 한층 복잡한 형태를 띠고 있다. 네이브의 근육다발이나 부챗살 같은 리브가 더 장식

엑시터 성당 외부 파사드

적으로 되고 리브의 구조적 형태도 다양해졌는데, 볼트 시작점에서 갈라져 나오지 않으면서 주 리브들 사이에 더해진 보조 리브였다. 아무 방향으로 만들 수 있는 부재로 리브를 이용한 기하문양은 그물, 별, 꽃 등으로 다양해지고 문양디자인도 자유로워졌다. 또한 이러한 장식적 요소가 더욱 강조되고, 곡선의 트레이서리가 나타나며, 선들의 망으로 벽면을 격자형으로 나누는 방식이 증가하였다. 이러한 발전은 후기 고딕 양식인 퍼펜디큘러 스타일(수직 양식)에서 정점을 이룬다. 약동하는 선들이 과도하게 강조되고, 벽은 본격적으로 환상적인 격자형으로 해체, 분할된다. 이러한 양식의 대표적 사례가 케임브리지의 킹스 칼리지 채플(1446~1515)이다. 높은 트레이서리 창들이 있는 간소한 홀의 구조는 극도로 화려한 격자모양의 부채꼴 궁륭으로 강한 인상을 남긴다. 수없이 엮여 있는 부챗살 모양은 어느 곳에서도 발견할 수 없는 아름다운 형태의 천장을 보여 준다. 부채꼴 궁륭은 후기 영국 고딕 양식에서 탄생한 가장 아름다운 것으로

킹스 칼리지 채플–부채꼴 궁륭

이 풍요로운 형태들은 대체로 지지기능 없이 순수하게 장식적인 요소 기능만 갖추게 되었다.

웨스트민스터 사원 부채꼴 궁륭

Ⅵ. 르네상스 시대

■ 역사적 배경

약 1000년의 기간 동안 유럽의 중세 사회에서 교회의 역할은 지대했다. 단순한 종교 성격을 넘어 정치, 사회, 문화, 일상생활에 이르기까지 모든 것에 대해 교회는 영향력을 과시해왔다. 하지만 십자군 전쟁을 겪으면서 승리를 예상했던 교황의 호언장담과는 달리 번번이 패하게 되자, 일반 시민들은 신의 존재와 능력에 대해 의문과 회의를 갖기 시작했다. 십자군 원정에서 동방을 통해 새로운 선진 문물이 유럽에 전해지면서 문화와 인간의 본질적인 것에 대해 깨닫기 시작했고,

인쇄술의 발달은 사람들의 이 같은 깨달음을 더욱 부채질했다. 중세 시대에는 신에게 종속되는 것만이 유일한 삶의 목표이며 행복을 추구하는 길이었으나, 이제는 자신의 가치관과 판단에 따라 살아가고 싶어 했다. 중세적 가치관이 몰락하고 권위와 속박에서 벗어나 정신과 사상의 자유가 시작되었다. 자유로워진 사고는 사람들을 기존 권력층이었던 교회의 권위와 억압, 부조리에 반기를 들게 했고, 결국 역사의 흐름을 크게 바꾸어 놓았던 종교개혁을 일으키면서 르네상스 정신과 어우러져 근대적 정신을 만들어냈다. 사람들은 옛 문화를 받아들이면서 자신들의 머리와 손으로, 즉 인간의 이성으로 새로운 문화를 이루기 시작했는데, 이와 같은 새로운 문화의 움직임을 후대 사람들은 **르네상스**라고 불렀다.

르네상스 문명은 근대 세계 형성에도 크게 이바지하게 되는데, 중세에서 근대 초기로 이행되는 역사의 전환기에 일어나는 두 가지 극적인 사건이 일어난다. 에스파냐와 포르투갈의 해외 팽창과 프로테스탄트 종교개혁이 그것이다. 15세기 이전까지 지리적으로 폐쇄되어 있던 유럽인들은 이 시기에 대양으로 진출하여, 인도와 아메리카 대륙을 발견하면서 점차 서반구 전체의 지배권을 장악하게 되는데, 유럽이 근대 사회의 문을 여는 발판을 마련하게 된다.

인쇄술의 영향

유럽의 책 만드는 재료가 양피지에서 종이로 바뀌자 읽고 쓰는 법을 배우는 데 드는 비용이 획기적으로 절감되었고, 점차 문자 해독률이 높아지면서 저렴한 서적을 요구하는 시장의 규모가 커지게 되었다. 1450년경 발명된 활판 인쇄술은 이러한 수요에 부응하였고, 유럽인의 생활방식에서 책 문화는 일상적 형태가 되었다. 16세기 이후에는 일반 시민들이 모든 종류의 책들을 사서 읽을 수 있게 되었고, 18세기에는 신문을 구입해서 읽을 수 있게 되었는데, 이러한 인쇄술의 확산은 새로운 혁명적 사상의 확산에 크게 기여했다. 16세기 종교개혁자 루터는 팸플릿을 인쇄함으로써 전 독일에서 추종세력을 확보할 수 있었고, 그의 진보적 사

구텐베르크가 최초로 인쇄한 성경, 1455년

상들을 유포시켰다. 독서에 익숙해진 유럽인들은 전 세계 어떤 다른 민족보다도 자유롭게 서로의 의견 교환이나 지적 토론이 가능했고, 이는 근대화의 주역으로 이후 세계를 주도할 수 있었던 밑거름이 되었다.

이탈리아에서 시작된 문예부흥

르네상스란 프랑스어로 '부활(Renaissance)'이라는 뜻으로, 그리스의 고전문화와 문명을 되살린다는 의미가 담겨 있다. 14세기에 이탈리아에서 시작하여 16세기 무렵에는 서유럽 전체에 커다란 영향을 끼치게 된다. 르네상스는 북이탈리아와 관련이 깊은데, 베네치아, 제노바 등 북이탈리아의 도시들이 십자군 전쟁을 통해 지중해 무역을 독점하면서 르네상스의 경제적 배경을 이루었다. 중세 말기의 이탈리아는 전 유럽에서 도시가 가장 발달해 있었는데, 다른 유럽과 달리 이탈리아 귀족들은 도시 중심지에 거주하며 금융이나 상업에 종사했고, 정치, 공적 문제, 문학에 관심이 많았는데, 피렌체의 유명한 메디치 가문과 같이 문학과 예

술적 표현에서 새로운 이념과 형태를 개발하기 위해 예술가들을 후원하고, 자신들의 학문적 성취에 관심을 기울이는 귀족들이 많이 등장했다. 또한 이탈리아는 로마 제국의 발상지로 다른 지역보다 고대 문화, 문명의 전통이 강하고, 로마 시대의 유적과 유물이 잔재하고 있는 지역이었기 때문에 서유럽의 다른 어떤 지역보다도 고전 시대에 대한 친밀감을 가지고 있었다. 당시의 이탈리아인들은 프랑스와 긴밀한 관계에 있던 스콜라 신학에 반감을 품고, 자신들의 독자적인 문화적 동질성을 그들의 고전 유산에서 찾으려 했다. 고대 로마 문학과 학문이 관심을 끌었고, 예술과 건축에서도 프랑스의 고딕 양식의 대안으로 고전 건축의 재평가가 받아들여졌다. 부유해진 도시들은 앞다투어 화려한 공공 기념물과 교회를 건축했고, 권력 기반을 확보하기 위해 교황령 국가에 대한 세속권 장악에 힘을 쏟던 세속적인 르네상스 교황들은 당대 최고의 예술가들을 거느리며 당대 로마를 서유럽 르네상스의 대표 주자로 떠오르는 데 결정적인 역할을 했다.

■ 미술의 황금 시대

중세 시대 비잔틴 제국은 정치, 경제, 사회제도뿐 아니라 문화와 예술에서 서유럽보다 한발 앞서 발전해 나갔다. 특히 미술에서는 그러한 경향이 강했는데 오늘날에도 중세 미술을 말하면 비잔틴 양식을 먼저 떠올리게 된다. 이런 구도를 깨뜨린 사람이 피렌체의 조토(1266년 추정~1337)이다. 중세 시대는 오랫동안 성화(icon)의 전통이 지배하고 있었고, 그 기법과 양식이 종교적 이야기에 중심이 맞추어져 있어서 인물은 평면적이고 비사실적 형태를 취하고 있었다. 그러나 조토의 성화는 성서의 내용을 소재로 하면서도 각 인물을 개성을 가진 존재로 사실적인 묘사를 하기 시작했다. 조토가 작품에서 표현한 인물들은 생동감이 있고 표정이 살아있다. 조토는 세부적이면서 사실적인 묘사에 뛰어났으며, 정확하고 자연스러운 옷 주름이나 인물들 하나하나의 움직임을 놓치지 않고 표현하였다. 중세 시대에 교회를 장식하는 미술이 현실세계를 모방하는 방식으로 인물을 묘사했다는 것은 아주 파격적인 것이었다. 현재의 시선으로는 다소 어설퍼 보이는 그의 그림을 당시의 상황을 고려한 시각으로 본다면, 인물들은 살아 숨 쉬는 것 같은 생동감을

조토의 성화: 파도바

지녔으며, 사실적인 묘사는 사람들을 깜짝 놀라게 했다고 한다. 조토의 회화가 중세 시대와 차이점을 보이는 것은 당시 불문율처럼 여겨졌던 "마음속에 있는 이상적인 형상을 따라 표현한다"는 토마스 아퀴나스가 이야기했던 중세의 미학을 완전히 뒤집어 놓은 것이다. 조토는 마음속에 있는 어떠한 이상적인 형상을 따른 것이 아니라 자신이 눈으로 경험한 세계를 화폭에 옮겼다. 자신의 시각적 경험을 정확히 화면에 담기 위해 공간의 깊이를 심리적으로 느낄 수 있게 그림을 그렸다. 즉, 조토는 화면 위에 만들어지는 회화적 공간을 창조했는데, 마치 그림을 보고 있는 사람에게 창 너머 펼쳐지는 장면을 창 이편에서 바라보는 느낌을 주는 것이다. 이러한 화풍은 중세 시대의 평면성을 완전히 배제하고 공간감과 거리감을 회화에 부여하는 새로운 르네상스식 회화의 등장을 알리는 것이었다.

조토의 사실성에 입각한 화풍은 15~16세기 마사초, 보티첼리 등의 피렌체 화가들에 의해 계승되었고, 회화의 소재는 성서에서 폭을 넓혀 그리스 신화까지 확대되었다. 이러한 르네상스의 고전 문화 부활은 르네상스 3대 거장인 레오나르도

조토의 스승인 치마부에의 중세성화

다빈치(1452~1519), 미켈란젤로(1475~1564), 라파엘로(1483~1520)에 의해 화려한 꽃을 피우게 된다. 이들은 그리스도교에 의해 죄악시되었던 인간의 '신체'에서 아름다움을 찾아내고, 성서와 신화의 내용을 빌려 인간의 모습을 표현했다. 특히 르네상스의 인문주의는 신플라톤주의적 사상을 통하여 신화적 요소들을 종교미술에 개입했다. 교회를 장식하는 미술작품에 신화적 내용의 형상들이 회화나 조각 등을 통해 나타나는 것이다. 신화적 모티브를 미술에 끌어들인 대표적 르네상스 화가로는 보티첼리를 꼽을 수 있다. 뿐만 아니라 라파엘로, 미켈란젤로 등의 대가들에게서도 이러한 영향이 작품에 나타난다.

레오나르도 다빈치(1452~1519)

피렌체의 예술가 중 르네상스가 낳은 가장 다재다능한 천재는 레오나르도 다빈치일 것이다. 그의 그림은 르네상스 전성기에 큰 영향을 끼쳤는데, 그의 화법은 가능한 한 자연을 세밀하게 묘사하는 것이었다. 마치 자연주의자처럼 풀 한 포기, 새의 날갯죽지에 대해서도 치밀하게 관찰한 후 그림을 그렸는데, 세밀한 인물그림을 그리기 위해 사람의 시체를 입수하여 세밀한 해부도를 그렸고, 이렇게 해서 얻은 해부지식은 그의 그림에 응용되었다. 그가 남긴 작품에는 과학에 대한 정열, 우주의 질서에 대한 그의 신념이 드러나 있고, 모든 인물은 기하학적 비율에 따라 그려졌다.

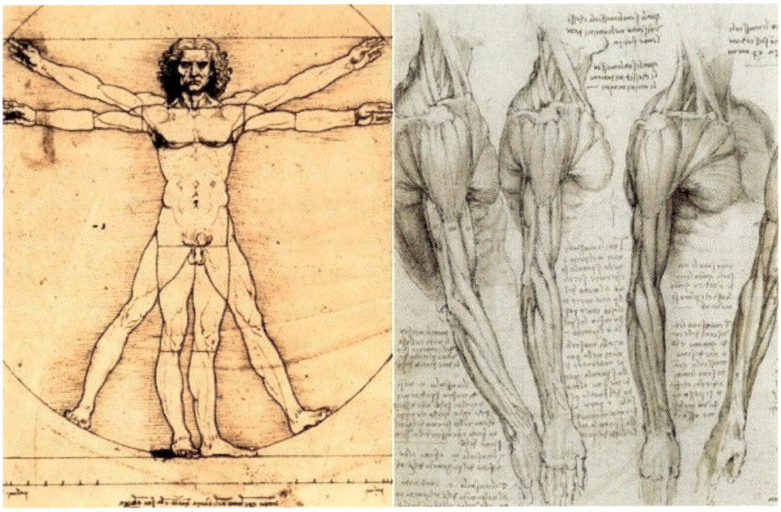

최후의 만찬

밀라노의 산타 마리아 델레 그라치 성당의 식당 벽에 그려진 '최후의 만찬'은 등장인물의 심리 반응이 잘 묘사된 작품이다. 자신에게 닥칠 참혹한 운명에 순종하며 평정을 견지하던 예수는, 이제 막 제자들에게 그들 중 하나가 배반할 것이라고 선언하던 참이었다. 레오나르도는 제자들이 점차 예수의 의도를 이해하게 되면서 그들의 얼굴에 깃든 놀라움과 두려움 그리고 죄의식이 뒤섞인 감정을 표현하려 하였다.

그가 그린 또 다른 걸작인 '모나리자'는 인간 영혼의 다양한 국면에 대한 그의 관심을 보여 준다. 모나리자는 나폴리의 실존 인물인 프란체스코 데 조콘다 부인을 그린 초상화이지만, 단순한 사진 복사 같은 그림이 아니라 성숙미 넘치는 여성의 영원한 매력을 그의 붓으로 표현하려 한 작품이다.

미켈란젤로(1475~1564)

화가이자 조각가였고, 건축가이자 시인인 미켈란젤로는 영속적이고도 추상적인 진리를 표현하는 데 관심을 두었던 르네상스의 위대한 예술가이다. 어려서부터 천부적인 재능을 드러내던 미켈란젤로는 피렌체의 유명한 메디치 가문 로렌초의 눈에 띄어 아낌없는 지원을 받는다. 24세에 그는 성모 마리아의 아름다움과 예수의 죽음을 슬프고도 아름답게 표현한 조각 작품 '피에타'로 순식간에 거장의 반열에 오른다.

당대 최고의 조각가로 추앙받던 미켈란젤로는 교황 율리우스 2세의 영묘를 구상하고 있었는데, 건축가 브라만테와 화가 라파엘로의 책략으로 바티칸 시스타나 예배당 천장 프레스코화 작업에 투입이 된다. 미켈란젤로의 가장 위대한 미술 작품 중 하나로 칭송받는 시스타나 천장화는 인생과 우주의 철학적 탐구를 연상시키면서 르네상스 사실주의를 극명하게 표현하고 있다. 예배당의 엄청난 천장의 넓이를 극복하기 위해 그는 천장을 여러 구획으로 나누어 천지창조를 비롯한 구약성서의 이야기와 인물들을 그려 넣어 작품을 완성한다.

라파엘로의 '아테네 학당'

바티칸 궁의 장식화 중뿐 아니라 라파엘로의 그림 가운데 가장 잘 알려진 '아테네 학당'은 1점 소실점에 의한 원근기법을 따르고 있어 산만하지 않고 각 인물

은 뛰어난 시각적 조화를 이루고 있다. 치밀한 계산 아래 그려진 상상화이지만, 규모나 웅장한 느낌, 균형감각과 질서 전체의 조화가 뛰어난 르네상스 미술의 걸작으로 꼽힌다. 약 600×824cm에 달하는 프레스코 기법의 벽화에는 54명의 인물이 표현되어 있다. 옆구리에 '티마이오스'라 쓰인 책을 끼고 있는 플라톤(레오나르도 다빈치)은 이데아에 관해 설명하듯 손가락으로 하늘을 가리키고 있다. 아리스토텔레스는 '윤리학'이라는 책을 허벅지에 받치고 지상을 가리키며 현실세계를 논변한다. 아리스토텔레스 앞의 계단 한복판에 보라색 망토를 깔고 비스듬히 누워 있는 사람은 명예와 부귀를 천시했던 견유학파 디오게네스이다. 왼쪽 화면 앞의 약간 대머리에 쭈그려 앉아 책에 무엇인가를 열심히 기록하고 있는 피타고라스가 있다. 오른쪽에는 사색의 즐거움에 깊이 잠겨 있는 그리스 철학자 헤라클레이토스(미켈란젤로의 모습)가 대리석 탁자에 기댄 채 한 손으로 얼굴을 괴고 종이 위에 글자를 적는다. 뒤에는 앞머리가 벗어지고 들창코인 소크라테스가 사람들에게 진지하게 무엇인가 설파하고 있다. 오른쪽 아래에는 허리를 굽혀 컴퍼스를 돌리고 있는 유클리드가 있으며, 등 뒤 오른쪽에는 화가인 소도마와 검은 모자를 쓴 라파엘로가 있다. 사실 등장인물들이 활동한 시기는 수백 년까지 차이가 나므로 현실적으로 함께 모이는 것은 불가능하지만, 라파엘로는 치밀한 상상력으로 수많은 시행착오를 거쳐 대작을 완성했다.

■ 베네치아와 르네상스

⇧ 산마르코 대성당(위)/도서관

베네치아는 바다와 접해있는 지리적 특성으로 해상무역이 활발하였고, 특히 이슬람 문화가 유입되면서 베네치아만의 독특한 미술 양식이 생겨나게 된다. 비잔틴 건축이 서방으로 들어오는 통로여서 비잔틴 양식의 화려한 장식 건물이 세워졌으며, 서유럽 주류 건축과는 차별되는 양식의 자신들만의 건축 전통을 형성해왔다. 그 대표적인 예가 비잔틴+로마네스크 양식을 보여 주는 산마르코 대성당이다. 르네상스 시대로 접어들어 베네치아의 총독은 다분히 중세적인 모습을 하고 있는 산마르코 대성당을 탈피해야 하는 헌 옷 같이 느꼈고, 대성당 맞은편에 새로운 양식의 건물을 세우기로 한다. 산소비노라는 건축가를 고용하여 로마 고전주의에 기반을 둔 르네상스 양식의 도서관을 건축한다. 산마르코 도서관은 광장 맞은편 대성당과 반대되는 수평의 긴 형태를 갖추었고, 고전주의 유산인 기둥들이 반원의 벽기둥 형태로 자리 잡았다. 1, 2층의 기둥 스타일에 변화를 주었는데, 2층의 경우 이오니아식 기둥 뒤로 아치를 지탱하고 있는 작은 기둥을 통해 비례의 다양성을, 아치의 중간과 층을 구분하는 영역의 조각장식을 통해 베네치아의 지역적 특성을 보여 주고 있다.

바다에 인접해 물 안에 도시 전체가 위치한 베네치아는 120여 개의 작은 섬을 400여 개의 다리로 이어 만들어 자동차 대신 물길 위(운하)를 다니는 곤돌라가 주요 운송 수단을 사용한다. 가장 크고 넓은 운하를 '대운하'라 하고, 골목길처럼 아주 좁은 운하는 '리오'라고 하는데, 이 운하를 가로질러 섬과 섬을 연결하는 역할을 하는 다리 중 '리알토 다리'가 있다. 한때 베네치아의 대운하를 건널 수 있는 유일한 다리였는데, 다리 내부에는 온갖 가게가 즐비하고 '베니스의 상인' 작품의 배경이 될 정도로 베네치아의 상징적 역할을 하고 있다.

6세기경 켈트족의 하나인 베네티족이 북방민족을 피해 아드리아 해의 작은 섬으로 이주하면서 12개의 섬에 마을이 형성되었던 것이 베네치아 공화국의 시초였다. 비잔틴 제국의 지배를 받으며 해상 무역의 본거지로 성장하며 667년에는 베네치아 독립공화국을 세워 독립적 특권을 행사하기 시작한다. 초기의 베네티족은 생선과 소금으로 생계를 유지했는데, 이것이 베네치아 번영의 시작이었다. 지중해 구석구석을 돌며 생선과 소금으로 맞바꿔온 비단과 보석을 사기 위해 유럽 전역에서 사람들이 몰려들면서 유럽에서 가장 큰 무역도시로 발돋움하며 르네상스 시대 최대의 번영을 맞이한다.

■ 종교개혁과 르네상스 미술

독일인 수도사 마틴 루터(1483~1546)는 1517년 10월 31일 비텐베르크 교회 정문에 가톨릭 교회의 부정과 부패를 고발하는 95개의 반박문을 게시하면서 종교개혁의 불씨를 댕겼다. 루터의 원래 의도는 교회 개혁을 위해 반박문을 발표하는 것이지, 새로운 종교나 교과를 만들려는 의도는 아니었다. 그러나 루터의 타락한 교회를 신학적 근거를 기반으로 한 신랄한 비판(성직자의 계급, 성서를 통한 구원에 대한 보증, 교황의 권위에 정당성을 부여하는 수위권에 대한 부정)은 가톨릭 교회로부터 이단자로 낙인 찍히는 결과를 가져왔고, 교황청으로부터 반박문을 철회하라는 요구를 받는다. 하지만 1520년 그는 교황의 거서를 많은 사람이 지켜보는 가운데 불살라 버리고, 다시금 황제 칼 5세가 독일의 보름스에서 루터에게 반박문 철회를 요구하였으나, 정면으로 거절한다. 1521년 1월 3일 마틴 루터는 결국 교황으로부터 파문을 당하지만, 종교개혁의 불씨는 전 유럽을 휩쓸기 시작한다.

독일과 스위스, 네덜란드 등지에서 종교개혁의 움직임이 격렬하게 일어나며, 새로운 그리스도교 세력과 로만 가톨릭이 대립을 하며 극도의 혼란스러운 상황이 벌어진다. 교황 파울루스 3세는 혼란의 불길을 잡기 위해 1545년 12월 13일

마틴루터(좌)/공의회(우)

트렌토(Trento)에서 공의회를 개최한다. 1563년까지 무려 18년 동안 모두 세 차례에 걸친 트렌토 공의회를 통해 교황청의 권위를 재확립하고, 신교와 구교간의 경계를 명확히 구별지었다.

트렌토 공의회의 결정사항으로 종교와 미술과 관련한 이전의 인문주의적 미술형태는 많이 사라지고, 미술에 대한 교회의 엄격한 통제가 시작되었다. 르네상스 시대의 미술은 기독교적 교리를 인문주의적 관점으로 표현하였고, 신 중심의 세계관이 아닌 신과 인간 간의 관계에 역점을 두었다. 라파엘로의 '아테네 학당'에서처럼 교회를 장식하는 작품에 신학자들과 함께 이교적 철학자들이 자연스럽게 섞여서 등장하게 표현하였는데, 개혁파들로부터 성상에 대한 교회의 사용에 대한 비판을 피하기 위해 가톨릭은 더는 이교적 교리 또는 상징들을 기독교 미술에 끌어들일 수 없게 되었고, 르네상스 시대 인문주의 사상을 근간으로 하는 미술형태는 종교개혁과 반종교개혁의 움직임 속에 점점 자취를 감추게 된다.

엘리자베스 1세(1558~1603): 스페인 무적함대 격파

신대륙을 발견하여 세계로 향하는 새로운 항로를 개척한 것은 에스파냐였지만, 그것을 바탕으로 세계 지배에 나선 것은 후일의 네덜란드와 영국이었다. 1571년 레판토 해전에서 오스만 제국에게 승리한 에스파냐는 최전성기를 맞는다. 대서양 항로를 독점하는 것은 물론, 지중해 무역에서도 패자가 되었다. 펠리페가 공을 들여 육성한 당시의 에스파냐 함대는 '무적함대'로 불렸다. 영국에서는 1588년 메리 여왕이 죽고 난 뒤 그녀의 이복동생인 엘리자베스가 여왕에 올랐다. 스페인의 펠리페 2세는 이미 포르투갈 왕녀, 영국의 메리여왕, 프랑스 왕녀, 합스부르크 왕녀와 정치적인 목적으로 네 차례나 결혼했으나, 개신교도인 엘리자베스 1세가 로마 가톨릭 교회를 탄압하지 못하도록 청혼했다. 하지만 엘리자베스는 "나는 영국과 결혼했다"라는 말로 청혼을 거절하고 평생 독신으로 지냈다. 당시 에스파냐는 노예무역과 약탈을 일삼던 영국 해적 드레이크로 골머리를 썩이고 있

었다. 드레이크는 1579년 대서양을 횡단하고 남아메리카 일대를 탐험한 뒤 귀향했다. 엄밀히 말하면 탐험이 아니라 스페인 상선을 약탈하기 위해 항해에 나섰던 것이다. 약이 오른 에스파냐는 영국에게 드레이크의 처형을 요구했지만, 엘리자베스는 해적 드레이크에게 백작 작위를 내리고 부제독에 임명했다. 엘리자베스 1세는 영국의 국력이 프랑스나 에스파냐에 한참 못 미친다는 것을 알고, 표면적으로는 세력 균형정책을 펴면서도 뒤로는 드레이크 등 해적들을 지원하여 에스파냐를 견제하였다. 또한 펠리페 2세의 청혼을 거절하고 영국국교회를 강화하는 쪽으로 방향을 선회하자 에스파냐는 무적함대를 영국으로 보내 전쟁을 시작한다. 영국해군 사령관으로 임명된 드레이크는 에스파냐의 예상을 뒤엎고 기동성이 뛰어난 갤리선을 타고 바다를 멀리 돌아서 무적함대의 뒤를 치고 빠지는 전략을 구사한다. 또한 화공법을 사용하여 칼레항에 정박 중이던 무적함대를 공격한다. 무적함대는 이를 피해 스코틀랜드 북부지역을 돌아서 스페인으로 돌아가려 했지만, 폭풍우로 인해 거의 난파되고, 수많은 사상자를 발생시켰다. 영국과의 해전에서의 패배와 이미 심각한 문제로 떠오른 에

스파냐 왕실의 사치, 프랑스와의 지리한 다툼 등으로 신대륙에서 유입된 막대한 이익은 바닥이 나고, 해상무역을 장악했던 에스파냐의 시대는 막을 내리기 시작한다. 반면 영국의 엘리자베스 여왕은 이후 동인도 회사를 설립하면서 식민지 경쟁에 본격적으로 뛰어든다.

Tip

엘리자베스 1세는 1533년 9월 7일 그리니치에서 헨리 8세와 그의 제1 계비 앤블린의 딸로 태어났다. 헨리 8세(1491~1547)는 형의 미망인인 왕비 캐서린과 결혼하여 딸 메리 튜더를 두었지만, 캐서린의 시녀 앤블린(천일의 앤)과 결혼하기 위해 영국 교회를 로마 가톨릭으로부터 분리시키고 훗날 영국성공회를 창립한다. 헨리의 두 번째 결혼기간은 오래가지 않았고, 아들을 못 낳는 앤블린에 불만을 가지고 간통죄라는 누명을 씌어 간통죄로 런던탑에 감금한다. 결국 앤 왕비는 참수되고, 엘리자베스는 사생아로 남아 공주의 칭호가 박탈되었고, 왕위 계승에서도 제외되었다. 어머니가 간통과 반역죄로 억울하게 누명을 쓰고 참수형을 당한 뒤 엘리자베스는 궁중에서 늘 불안하고 위험하기기만 한 어린 시절을 보냈다. 이복언니 메리 공주가 항상 그녀를 감시하고 견제하였으며, 부왕인 헨리 8세마저 그녀를 아들이 아닌 딸이라는 이유만으로 홀대했기 때문이다. 헨리 8세는 이후에도 총 6번의 결혼했는데, 두 명의 왕비를 처형하고, 세 명의 왕비를 내쫓았으며, 이 과정에서 토머스 크롬웰, 토머스 모어 등의 시종과 공신들을 처형하고, 왕실에 대한 비판을 금지하였다. 개인의 욕구를 충족시키기 위해 로마 교황청과 대립하며 영국 교회를 독립시켰지만, 헨리는 생애 대부분을 로마 가톨릭 교회의 전례와 교리를 지지하였고, 본격적인 영국 교회의 종교개혁은 에드워드 6세와 엘리자베스 1세 여왕 때 이루어졌다.

■ 대항해 시대

15세기 중반 유럽 대륙의 서쪽 끝에 위치한 포르투갈과 에스파냐는 지리적 여건을 활용하여 대서양 항로를 개척한다. 고대 그리스 시대 이래로 지중해는 동방의 온갖 문물을 유럽대륙으로 전달해주는 중요한 위치에 있었다. 아라비아 상인들을 통한 동방의 문물은 지중해의 중심에 접한 이탈리아의 항구들에 집적되었다가 육로와 해로를 통해 알프스 이북의 서유럽까지 전달되었다. 당시 지중해 무역권은 베네치아와 제노바를 비롯한 이탈리아 도시 상인들이 독점하고 있었기에, 포르투갈과 에스파냐는 지중해 연안에 있으면서도 혜택을 누리지 못했다. 동방의 문물 가운데 가장 막대한 이득을 가져다 주는 것은 향료였다. 당시의 향료는

대항해 시대를 연 포르투갈 엔리케 왕자(좌)/신대륙에 도착한 콜럼버스(우)

단순히 음식의 맛을 배가시켜주는 용도 이상의 필수품이었다. 향료는 고기를 오래 보관할 수 있게 해주었고, 와인을 비롯한 각종 술을 빚는 데도 반드시 필요했다. 몰약, 육계, 바닐라, 코코아 등이 모두 향료였으나, 그 가운데 가장 으뜸은 후추였다. 당시 이탈리아 상인들은 아라비아인들이 알렉산드리아나 시리아의 항구까지 실어온 향료를 받아다가 서유럽에 납품하는 역할만 했을 뿐, 향료의 원산지는 모르고 있었다. 대략 인도의 어디쯤 정도로 알려져 있었지만, 인도가 어딘지는 그 자체를 모르고 있었다.

프랑스와 영국이 서유럽의 패권을 놓고 100년 전쟁을 벌이고 있을 때, '항해왕'이라는 별명의 포르투갈의 왕자 엔리케(1394~1460)는 이탈리아에서 조선공, 항해 장비 기술자, 천문학자 등을 불러 모으기 시작했다. 먼 바다로 나가는 원양항해는 지중해 항해와는 근본적으로 달랐다. 기착지가 없이 수개월씩 항해를 지속하기 위해서는 기존의 갤리선 대신에 바람의 힘으로 항해할 수 있는 신형 범선이 필요했다. 또한 나침반과 사분의 등의 항해 장비들은 필수적인 항해도구였고, 엔리케는 동방의 선진문물 교류가 활발했던 이탈리아의 기술자를 초빙하여 그것들을 제작한 것이다. 엔리케 사후에도 탐험대를 계속 지원했던 포르투갈 왕 주앙 2세는 마침내 1488년 아프리카 대륙 최남단까지 갔다가 '희망봉'을 발견하는 성과를 올린다. 탐험대는 폭풍으로 몇 번이나 죽을 고비를 넘기긴 했지만, 아프리카의 끝을 발견했으니 이제 그곳에서 동쪽으로 가면 인도를 찾을 수 있을 터였다.

포르투갈에 자극을 받은 에스파냐는 대서양 항로를 개척하기 시작한다. 포르투갈과 같은 항로를 놓고 경쟁하기를 원치 않았고, 당시에 이미 지구가 둥글다는 것이 사실로 전파되고 있었기에 서쪽으로 가로질러 항해하면 인도에 닿으리라 판단한 것이다. 이 일을 성공시킨 사람이 바로 콜럼버스였다. 콜럼버스는 희망봉 발견 전인 1482년 대서양 항해계획을 포르투갈의 주앙 2세에게 제시하였으나 거절당했고, 스페인의 이사벨 여왕으로부터 겨우 후원을 얻어내어 결국 1492년 아메리카 대륙의 카리브해 바하마 군도의 한 섬에 도착한다. 콜럼버스는 죽을 때까지 그곳이 바로 인도라고 여겼고, 후대에 그 일대를 서인도제도라고 명하여 그의 업적을 위로했다.

스페인은 콜럼버스의 항해를 계기로 인도 항로 개척에 뛰어든 뒤 포르투갈과의 분쟁을 예방하기 위해 교황의 중재로 베르데 군도 서방 약 1,800km의 자오선을 기준으로 동쪽은 포르투갈령, 서쪽은 스페인령으로 상호 양해하기로 한다. 이후 많은 이들이 중남부 아메리카 탐험에 나섰는데, 아메리카라는 지명의 기원이 된 이탈리아 항해 전문가 아메리고 베스푸치(1499), 브라질을 발견한 포르투갈의 카브랄(1500), 파나마 지협을 횡단하여 태평양을 발견한 스페인의 발보아(1513), 최초의 세계일주 주역인 마젤란 등이 대표적이다. 카브랄과 아메리고를 통해 대서양 항로에서도 성과를 얻은 포르투갈은 1497년 인도에 도착해 유럽 최초의 향료 원산지에서 향료를 구입하는 데도 성공한다.

Tip 대항해의 원래 목적은 후추?

당시 아시아에서만 생산되는 후추와 향신료는 이슬람 상인에 의해 유럽으로 전달되었는데, 후추·계피·생강 등은 모두 동남아시아의 열대 기후에서만 자랄 수 있었고, 그것들이 지닌 방부성은 중세 시대 대단히 소중하게 여겨졌다. 음식의 부패를 막고 육식이 주식이었던 유럽인들의 향미를 돋우기 위해 향신료의 본고장에 대한 동경은 점차 커져갔다. 이슬람, 베네치아, 제노바의 중간 상인들에 의해 수입되던 향료와 사치스러운 옷감, 보석들은 터무니없이 비싼 가격으로 유럽으로 수입되었는데, 당시 후추는 금과 은의 가격을 훨씬 초월하여 생산지의 80배에 해당하는 가격으로 거래되었다. 당시 중동의 이슬람제국과 유럽의 불안한 정치적 관계는 육로 이용을 불가능하게 만들었다. 결국 유럽인들 스스로 항해를 통해 황금의 나라로 인식되던 인도를 향한 항로를 개척하려는 관심이 커지고 있었고, 그 배경에는 이러한 경제적인 욕구가 가장 크게 자리 잡고 있었다.

포르투갈은 엔리케가 대항해를 계획한지 80년 만에 향료 원산지를 발견하여 그 성과를 얻었지만, 한발 늦게 동참하여 더 큰 횡재를 한 것은 에스파냐다. 동쪽 인도 항로를 포르투갈에게 선점당하여 대서양 항로를 개척하려는 과정에서 신대륙이라는 엄청난 성과물을 얻게 된 것이다. 그리고 그들은 향료보다도 훨씬 더 큰 가치를 지닌 신대륙의 영토를 얻게 되었고, 이를 관리하여 본토의 수십 배에 달하는 해외 식민지를 창출하게 된다.

대항해와 신대륙 발견의 의의

대항해의 원래 목적은 후추와 황금의 땅 인도에 가기 위한 경제적 동기에서 추진되었으나, 포르투갈과 스페인은 기대 이상의 부와 상권을 획득함으로써, 유

석탄채굴에 동원되는 아메리카 대륙의 원주민(좌)/무력으로 원주민을 제압하는 스페인 군대(우)

럽의 일류 강대국으로 도약할 수 있는 기반을 마련하였다. 동방의 향료를 아라비아 상인들을 거치지 않고 직수입할 수 있게 되었으며, 서쪽 아메리카에서 생산된 값싼 은은 유럽에 대량 유입되면서 물가가 2~3배 오르는 '가격혁명'을 초래하였다. 남쪽 아프리카에서는 건장한 흑인 노예들이 마구잡이로 잡혀왔다. 서유럽 경제의 중심지는 급속히 바뀌었다. 지중해 무역 의존도가 쇠퇴해가면서 이탈리아와 플랑드르 자치도시 상인들은 쇠락해가고, 포르투갈과 에스파냐는 서유럽의 중심으로 떠올랐다. 그러나 그것은 경제적인 면에 불과했고, 그들은 중세 시대 이래 전통적인 강국으로 성장한 프랑스와 영국, 독일 등이 성장하는 데 잠시 밑거름이 되는 역할을 했던 것이다.

대항해 시대 급성장을 이룬 유럽의 경제는 유럽의 상인과 수공업자에게 크나큰 이윤 동기를 부여했다. 그 결과 부와 자본을 축적한 상인 자본가들이 등장하고 근대적인 기업형태와 금융체계가 발달하게 된다. 리스본과 세비야를 중심으로 하는 동인도 무역이 급부상했다. 대서양 연안으로 이동한 상권은 이후 네덜란드, 영국의 서유럽 국가가 주도권을 쥐게 된다. '상업혁명'이 발생하게 된 것이다. 15~16세기 유럽에서 시작된 대항해는 미지의 대륙에 대한 모험과 호기심에서 출발하였지만, 그들의 '발견'은 인류 역사에서 근대로 접어들기 위한 결정적 전환점을 제공했을 뿐 아니라 그 후 유럽에 의해 역사를 주도하게 되는 밑바탕이 된다.

■ 이탈리아 르네상스 건축

중세 시대부터 이어진 종교건축(교회)의 관심은 르네상스 시대에도 계속되었지만, 예배와 전례 의식에 맞추어 건축의 형태와 구조가 형성되었던 이전 시대와는 다르게, 건축물의 미적 아름다움과 조화를 중요시했다. 르네상스 시대의 중앙 집중식 건축구조는 완전성과 조화를 추구하는 경향을 보여 주고, 전원 빌라와 같은 일반 주거건축에서도 한층 진보된 형태가 나타났다. 르네상스 시대 예술 전반의 고전주의적 경향에 따라 건축에서도 신 중심의 종교적 표현에만 집중되던 중세 양식에서 벗어나, 고대 그리스와 로마의 고전적 문화예술에 관심을 두고, 이를 도입하여 창조적으로 재생시키는 고전주의 양식을 추구하였다. 르네상스 건축의 핵심적 구성 원리는 '오더'와 수학적 질서였고, 건축미의 근원은 그로부터 기원된 비례, 조화임을 인식하여 이를 체계적으로 규범화하여 건축에 도입 · 적용하였다. 비트루비우스의 '건축 10서'와 같은 고전건축의 구성 원리를 바탕으로 당시 건축가들은 인쇄술의 발달을 바탕으로 체계화된 건축이론서를 유럽 각국에서 발간하여 르네상스 고전주의 건축이론을 전파했다.

피렌체 대성당 돔(1420~1434)

르네상스의 발상지로 알려진 피렌체 중심가에는 건물들 사이로 커다란 돔이 우뚝 솟아있다. 피렌체 대성당으로 잘 알려진 '산타마리아 델 피오레'는 르네상스 시대가 본격적으로 개막했음을 알리는 기념비적인 건축물이다. 건축가 필리포 브루넬레스코(1377~1446)는 판테온의 돔에서 영감을 얻어 피렌체 대성당에 팔각형의 거대한 지붕을 올리는 데 성공하면서 일약 르네상스 건축의 시작을 알린 건축가로 발돋움했다. 본래 금은세공 기술자와 조각가로 시작하였는데, 로마의 고대 건축을 분석하면서 수학적 관계에 의한 공간과 형태의 정확한 묘사와 표현을 위해 3차원적 투시도법을 최초로 개발하면서 본격적인 건축가로 활동하였다. 피

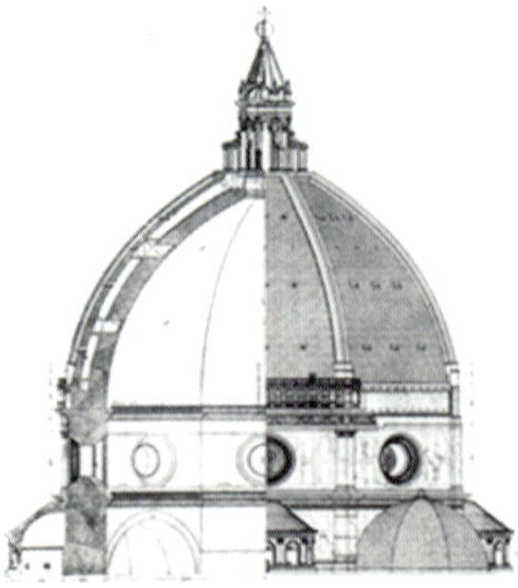

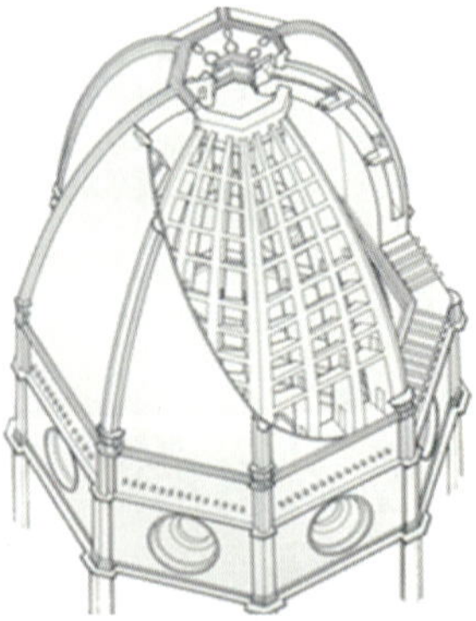

렌체 대성당은 원래 도시의 번영과 종교적 열정을 과시하기 위해 13세기에 계획된 성당이다. 고딕 양식의 장축형 평면을 지닌 이 대규모 성당은 아르놀포 디 캄비오의 설계안으로 1426년에 착공된다. 중세 시대 토스카나 고딕 장식주의 건물이었던 이 성당은 천장과 서쪽 파사드만 남겨둔 채 완성되었지만, 평면 교차부 상부지붕은 거대한 규모로 인한 구조, 시공상의 문제로 미완성 상태로 남겨지게 된다. 미완성 상태였던 지름 42m, 높이 84m의 돔 천장 지붕은 15세기로 접어들어 부르넬레스코의 설계안으로 건축되었는데, 지붕 공사의 가장 큰 난제인 거대한 크기와 무게의 지지력을 확보할 수 있었기 때문이다. 브루넬레스코의 설계안은 내부와 외부의 지붕틀 사이의 빈 공간으로 인해 전체 무게를 획기적으로 감소시킬 뿐 아니라 얇은 지붕틀은 둘을 수평 이음벽으로 연결하는 '성 요한 세례당'의 구조를 빌려 해결했다. 외부에서는 건축의 골격이 감추어져 마치 기초 골격 위에 천막을 씌운 형국이 되었다. 브루넬레스코는 고대 건축의 구조적인 특징을 면밀히 파악하여 이를 실용적으로 차용해 최대의 효과를 가져왔다. 달걀 같은 형상의 두오모 지붕은 펴진 우산 같은 구조를 가지고 있다. 선이 굵은 살이 지붕을 여덟 개의 면으로 나누고 있다. 브루넬레스코는 로마의 판테온에서 둥근 천장을 자세히 분석하여 기하학적 원리를 파악하였다. 두오모 천장을 건축하면서 보여 준 브루넬레스코의 건축적 혁신을 대략 세 가지로 요약해 볼 수 있다. 첫째, 엄청난 크기의 지붕 하중을 분산하기 위해 내/외부 지붕의 이중구조를 선택하였다. 둘째, 지붕의 내부에 일정한 간격으로 거대한 고리 형태의 테두리를 설치하여 안쪽과 바깥 지붕 사이의 비어있는 공간을 엮어주는 구조체를 제작했다. 셋째, 팔각 형태의 지붕을 서로 결합하기 위해서 골조역할을 하는 뼈대를 설치하였다. 이 뼈대는 고딕 건축의 유산인데, 브루넬레스코는 고대와 중세의 건축 유산을 활용하여 르네상스라는 새로운 형태의 건축을 만들어낸 것이다.

브루넬레스코의 '고아원'(1419)

대성당 근처에 있는 아눈치아타 광장의 고아원은 고대 건축요소를 충실히 활용한 르네상스 양식의 근대 최초의 세속건축으로 꼽힌다. 정면부 반원형 아치는 규칙적이고 조화로운 비례의 원칙을 따르고 있다. 아치 위쪽의 수평벽 띠는 장식이 생략되어 있어서 수평적 통일성을 부여하고, 상대적으로 응축된 형태의 위층에 구조적 탄력을 실어준다. 아치와 하부 구조 사이에는 비례의 원칙을 적용했는데, 반원형 아치의 아래쪽 직경과 원주의 높이를 1:1로 일치시킨 것이다. 이로써 기둥 사이의 공간은 반복적 정방형을 이루게 된다. 고아원의 회랑은 내재된 도형(원과 정방형의) 결합을 통해서 고대 건축의 비례와 균제의 법칙을 충실히 따른 예로 볼 수 있다.

성 베드로 대성당

예수의 열두 제자 중 베드로가 처형된 자리에 세워진 성 베드로 대성당은 종교성과 역사성, 예술성 때문에 로마를 찾는 많은 관람객에게 가장 유명한 건축물일뿐 아니라 르네상스에서 바로크까지 수많은 예술계의 거장들이 건축에 참여하며 오랜 세월에 걸쳐 지어진 건물로 기독교의 모든 교회 중 가장 거대한 건물로 여겨진다. 1506년 교황 율리우스 2세는 건축가 도나토 브라만테에게 대성당 공사를 의뢰했다. 건축기간이 100년이나 걸리는 바람에 브라만테가 완성하지 못하고 미켈란젤로, 라파엘로 등이 참여하면서 르네상스, 바로크 등 다양한 건축 양식이 적용되었다. 브루넬레스코가 르네상스 초창기에 피렌체를 중심으로 다양한 건축 활동에 참여했다면 브라만테, 미켈란젤로 등은 로마를 중심으로 르네상스를 대표하는 작품을 선보였다. 르네상스 시대에 고전주의에 대한 관심과 함께 다시금 유럽의 중심도시로 떠오른 로마는 고대 로마의 유물과 문헌을 바탕으로 문화적 잠재성이 드러나기 시작했다. 또한 교황의 본거지라는 위상이 결합되어 역사에

남을 만한 건축들이 로마에 계획되었다. 브라만테의 재능은 당시 예술가들에게 작품을 의뢰하고 후원하는 가장 중요한 위치에 있던 교황의 눈에 들어, 로마를 재건하는 계획과 바티칸의 중심인 성 베드로 대성당의 밑그림을 구상하는 일을 담당하게 된다.

브라만테가 로마에 첫 번째로 계획한 성 베드로 템피에토(신전)는 형태와 비례, 공간배치에 중점을 둔 작은 예배당 건물이다. 고대 그리스와 로마의 고전적 형태를 재형상화하여 단순한 원형에 도리스 양식 기둥을 사용하였다. 회랑으로 둘러싸인 1층과 회랑 너머로 보이는 건물의 벽면에 조각된 사각 벽기둥을 통해 기둥의 장식적 변화를 인지할 수 있는데, 2층에는 기둥이 아닌 난간으로 구성되어 있으며, 상단부에 돔을 올려 안정감과 수직적 상승감을 부여했다. 브라만테는 이전 고딕 양식의 화려한 건축과는 거리가 먼 안정감과 조화를 추구하려 했는데, 그가 주목한 것은 기둥의 변화를 통한 장식적 효과였다. 르네상스식 미학을 추구하기 위해 알베르티의 조화 세 요소, 즉 수적 비례, 기하학적 형식, 완결적 배열이 기본이 된 변화가 이루어졌다. 기둥의 비례와 형식 배열을 변형하기 위해 기둥의 길이와 너비를 조절하거나 기둥을 벽과 일체화시킨 벽기둥으로 변형했다. 또한 기둥을 두 개씩 나란히 배열하거나 층마다 다른 양식의 기둥을 배열하기도 하는 등 고전 건축의 대표 형식을 일정한 법칙을 가지고 변형시켜 전체적인 조화를 꾀하였다. 템피에토(위 사진)는 작은 건물이었지만, 브라만테에게 르네상스 양식의 건축을 시험해 볼 좋은 기회를 제공하였고, 이를 바탕으로 성 베드로 대성당의 초기 계획안을 만들었다. 브라만테 이후 여러 예술가가 참여하여 공사를 진행하였기에 초기안과 완성된 모습과는 차이가 있지만, 로마에서 가장 역사성이 깊은 판테온의 돔 형태와 화려하고 아름

미켈란젤로가 설계를 담당한 성베드로 대성당 돔

미켈란젤로의 피에타(좌)/대리석과 성화로 장식된 성 베드로 내부(우)

다운 기둥을 대성당에 도입하고자, 정사각형의 중앙집중형 평면에 원형의 돔을 상단에 배치하려 했던 브라만테의 초기 계획은 끝까지 유지되었다. 브라만테 사후에 이 공사를 이어받은 미켈란젤로는 특히 돔을 설계하는 데 심혈을 기울였다. 피렌체의 브루넬레스코 돔을 오랜 기간 연구하여 비례, 형식, 건립방식 등을 참고하였다. 17세기까지 이어진 공사는 천재 조각가 잔 로렌초 베르니니에가 마무리를 담당했다. 그는 성당의 내부가 조화롭게 어울리는 완벽한 아름다움을 창출하는 데 온 힘을 기울였는데, 성당의 바닥을 대리석으로 아름답게 치장하고, 양쪽 회랑에 마련된 소성당(Capella)들의 장식을 붉은색 기조의 천연 대리석으로 하여 더욱 아름답게 하였다. 중앙통로의 길이가 약 186m, 폭이 140m, 높이는 46m이고, 중앙의 제대에서 돔까지의 높이는 137m에 이르는, 로마에서 가장 높은 건물이 되었다. 대성당 내부에는 44개의 크고 작은 채플, 즉 제대들과 395개의 조각품이 곳곳에 배열되어 있으며, 135개에 달하는 모자이크 그림들이 벽면에 장식되어 있어 그 자체로도 완벽한 미술관인 셈인데, 그 화려함과 웅장함 그리고 라파엘로, 미켈란젤로, 마르테노 등 수많은 예술가의 작품과 혼이 융화를 이루어 건축 역사에 길이 남을 건축물로 완성되었다.

Tip 르네상스 황금기의 로마

로마 제국 멸망 이후 천년 동안 유럽의 변방으로 전락했던 로마가 르네상스 시대를 맞이해 다시금 유럽의 중심 도시로 떠오른다. 물론 교황청이 로마에 있었기 때문에 종교적 중심지로서의 위상은 갖고 있었지만, 유럽 사회의 중심은 아니었다. 로마의 르네상스는 어떻게 시작되었을까? 로마가 간직한 풍부한 고대 유물, 문헌들이 당시 고전주의에 대한 관심과 함께 수많은 예술가를 매혹했다. 피렌체나 다른 소도시의 경우 고대 로마의 유적이 많이 남아 있지 않았기 때문에 필연적으로 로마는 고전주의의 배움터가 될 수밖에 없었다. 고전주의에 대한 관심과 가톨릭의 본거지라는 위상이 결합되어 수많은 예술작품과 르네상스 건축물이 탄생되었다. 당시 경제력을 확보하고 있던 신흥 귀족가문과 교황은 예술가들에게 작품을 의뢰하고 후원하는 역할을 했는데, 수많은 예술품과 건축들—바티칸 박물관, 베드로 성당, 다리 등은 새로운 르네상스 도시 로마를 재건하는 주역이었다.

로마 고전주의를 르네상스로 부활시킨 '레온 바티스타 알베르티'

알베르티는 인문학의 거의 모든 분야에 능통해 건축조차도 인문학적 관점으로 정의해서 완성한 건축가였다. 그는 로마 고전어휘를 직접 작품에 사용해 로마 고전주의를 르네상스에 끌어들였는데, 비트루비우스의 건축십서를 참조하여 르네상스 최초의 건축이론서인 『건축십서』를 저술했다. 고전에 대한 실증적 방법으로 여러 지역과 시대에 걸쳐 분산된 수많은 건축물을 찾아가 조사했으며, 르네상스의 이상에 맞는 기준에 따라 분류하고 이론화했다.

알베르티에게 건축은 지적 작업에 속하는 것이어서, 건축에서 아름다움이란 비례에서 나오는 것으로 생각했다. 자신의 건축이론서에서 기하학, 비례, 조화 사이의 상관관계를 분석하여 실제 건축물에 적용했다. 피렌체에 지어진 '루첼라이 저택'은 알베르티의 이론을 실제 건축에 적용한 사례인데, 알베르티가 설계하고

알베르티의 루첼라이 저택(좌)/성 프란체스코(우)

베르나르도 로셀리노가 1451년 완공된다. 이 저택은 당시 부유한 피렌체의 특권층 저택과는 그 성격이 완전 다른 것이었다. 거대하지도 화려하지도 않은 알베르티의 건축은 3층 높이로 지어졌는데, 층마다 다른 양식의 기둥이 사용되어 단조로움을 피하고, 2~3층의 같은 형태의 창문은 규칙적이고 리듬감을 부여하고 있다. 입면은 수평 띠와 수직 반기둥의 짜임새가 어우러져 격자 틀과 같은 형태를 띠며, 코니스, 기둥 등으로 구획된 단위벽면을 기본 모듈로 반복하여 전체 입면을 구성하였는데 전체적으로 비례와 질서, 조화와 통일을 창출하는 동시에 미묘한 변화요소를 적용하였다. 이러한 수학적 질서에 바탕을 두고 비례와 조화미는 고딕 건축처럼 화려한 외관은 창출하지 않으나, 부분적으로 다르게 사용한 장식적 요소들은 건축구조를 잘 드러내어 형태적 아름다움을 부각해준다.

1477년에 지어진 알베르티의 첫 번째 공공건물은 리미니의 '성 프란체스코'(말라 테스타 신전)이다. 북부 이탈리아 군주가 자신의 애인을 위해 개축한 사원건물이다. 알베르티는 고딕 양식의 기존 건축물을 로마의 개선 아치와 바실리카 구성을 주요 모티브로 사용하여 로마 고전주의 양식의 건축물로 개조를 시도한다. 정면을 세 부분으로 나눈 뒤 각 베이에 아치를 뚫고 원형 벽기둥을 벽체 위에 장식요소로 덧붙인다. 기둥의 구조적 효율성보다는 벽체를 면으로 인식하는 로마 고전주의의 벽체 구조를 살려 로마다움을 건축적으로 정의했다. 또한 네이브와 아일 사이의 높이 차이를 경사 지붕으로 처리하여 바실리카식 양식을 응용하여 채용했다. 알베르티가 남긴 마지막 건축 유산은 만토바 지역의 산타드레아(성 안드레아스) 교회이다(1472~1494). 이 교회는 거대한 교차부를 중심으로 하는 중앙집중식 구성이라는 점에서 르네상스 종교건축의 전형을 취하고 있지만, 중앙 주랑을 길게 확장함으로써 르네상스 시대에도 여전히 실행되었던 예배의식에서 회중들을 위한 공간 확보를 배려하고 있다. 알베르티는 고대 에트루리아 건축 양식에서 영감을 얻어 이 교회의 설계에 반영했는데, 평면도 상에 측랑이 길이 방향으로 트여있지 않고 단절된 공간의 예배소로 구성된 것을 확인할 수 있다. 또한 신랑의 반원통형 천장은 교회의 위엄과 영속성을 나타내기 위해 시도되었고, 이후 로마의 바로크 교회 그리고 모든 바로크 교회의 본보기가 된다.

안드레아 팔라디오의 '빌라 로툰다'

미켈란젤로와 함께 16세기 가장 뛰어난 건축가로 평가받는 팔라디오는 고대의 수많은 선례를 자신만의 기준으로 유형적 분류를 한 뒤 1570년『건축사서』를 편찬했다. 이 책은 건축론의 가장 중요한 교과서가 되었으며, 고전 어휘를 최고의 수준으로 종합화한 건축가라는 명성을 남겼다. '빌라 로툰다'는 1566년 파올로 아메리고의 주문을 받고 실행된 르네상스식 중앙집중형 전원주택이다. 고대 로마의 전통을 따라 거대한 정원의 한 귀퉁이에 주택을 배치하고, 전후좌우 대칭꼴의 이상적 구조를 가진 평면 중앙에 돔을 배치했다. 돔을 중심으로 여덟 개의 공간이 배치됐는데, 건축의 실용성은 배제하고 인문학적 성전으로 빌라 건축의 위엄과 품위를 더하기 위한 장치였다. 중앙의 돔과 그 아래 갤러리는 중심축을 이루고, 전후좌우 네 곳의 출입문과 야외계단은 고전 건축의 대칭성을 충실히 따르고

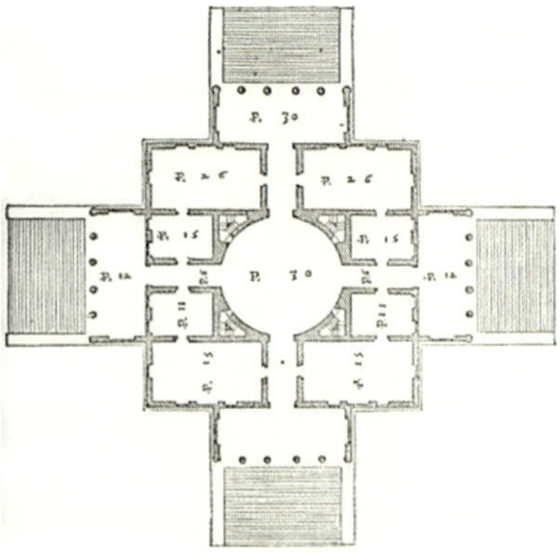

있는데, 각 방향의 현관은 모두 동형이며, 비트루비우스의 건축 원리에 따라 원과 정방형의 두 가지 도형이 적절하게 어울리며, 외부 기둥 사이의 거리가 기둥 직경의 두 곱이 되는 '우아한 주랑현관'의 비례를 충실하게 따르고 있다. 수학과 기하학에 집중하였던 르네상스 예술가들은 원을 신과 우주를 상징하고, 절대적 아름다움을 지닌 완벽한 이상적 형태로 간주하였다. 원이 지닌 상징성을 중시하여 집중형 평면과 돔을 적극적으로 도입한 대표적 사례가 바로 빌라 로툰다이다. 빌라 로툰다는 18세기까지 전원주택 건축가들이 가장 선호하는 모델이 되었고, 특히 17세기 초 영국 건축가 인디고 존스가 팔라디오식 건축 리바이벌이 일어나면서 긴 생명력을 유지하게 된다.

■ 프랑스, 영국, 독일의 르네상스

알프스 이북의 르네상스 건축은 이탈리아보다 많이 늦었는데, 역사적 배경으로 세 나라 모두 고딕 양식의 전통이 강하게 남아 있었으며, 르네상스 양식의 모태가 된 로마 고전주의 양식을 갖추고 있지 못했다. 세 나라 중 프랑스는 지리적으로 이탈리아와 가까울 뿐 아니라 로마 시대 그들의 속주에 편입되어 고전주의를 경험한 전통이 있어서 큰 부담감 없이 가장 빨리 받아들였다.

프랑스 르네상스 건축은 1540년대 들어 비뇰라, 세를리오 등의 이탈리아 건축가들에 의해 본격적으로 전파되었다. 세바스티아노 세를리오는 프랑스로 이주해서 프랑수아 1세의 수석 화가 겸 건축가가 되어 최초의 이탈리아 르네상스 표준

구 루브르, 파리, 1546~78

양식으로 지어진 토네르의 '앙시 르프랑' 성채를 대표작으로 남겼다. 향후 프랑스 르네상스는 경사지붕, 굴뚝, 측랑을 갖는 5분법 양식으로 전개되었는데, 오더 체계를 중심으로 한 이탈리아 고전주의에는 없는 서유럽 전통의 구성 방식에 그 바탕을 두고 있었다. 귀족 출신으로 프랑스 지배층의 요구사항을 잘 알고 있는 프랑스 건축가 '피에르 레스코'는 프랑수아 1세에서 앙리 3세에 이르는 40년 동안, 이탈리아 르네상스를 바탕으로 프랑스 중세 전통을 적절히 섞어 프랑스만의 특색 있는 르네상스 건축을 선보인다. 대표작은 '구 루브르 궁전'(1546~78)으로 과거 중세 양식의 낡은 건물이 철거되고 프랑스의 국가적 영광과 명예를 상징할 수 있는 새로운 궁전으로 계획되었다. 전체 구성은 프랑스 중세 전통을 참고하여 중세적 경사지붕과 오더를 이용한 수직층 쌓기로

아네트 성채 정문 출입구

그리니치 궁전, 런던, 1616~35

중세의 앙천성을 표현하였고, 수직층 쌓기에서 위층으로 갈수록 높이를 낮추고 장식을 늘려서 구조적, 시각적으로 안전성을 확보했다. 벽기둥을 이용해 장식 기능을 높였으며, 건물 전체를 5분법으로 구분하고, 규칙적으로 반복되는 아치형 지붕장식과 반원형 평면의 필라스터 기둥, 각 층을 구분하는 강한 코니스 등으로 이탈리아 르네상스와 구분되는 프랑스 르네상스의 독창적 입면을 창출하였다. 레스코에 이어 프랑스 르네상스를 완성한 건축가는 리옹에서 석공 장인의 아들로 태어난 들로름이었다. 프랑스에서 르네상스를 가장 먼저 접한 리옹에서 인문학적 지성을 접하며 성장하였고, 로마에 머물면서 고전 유적을 답사 · 연구하였고, 부친에게 전수받은 석공기술을 더해 자신만의 프랑스 르네상스를 완성했다. 들로름은 이탈리아 고전주의는 최소화하고 프랑스 전통을 최대한 부각했는데, 주신의 수직 홈파기를 장식적으로 활용하거나 반지 모양의 수평띠 장식을 주신에 두르거나 주두를 사람 얼굴로 대치하는 등 중세 전통을 활용하였다. 들로름의 건축은 이탈리아 르네상스 양식과는 차별화된 형태로 특이한 생김새를 보여 주는데, '아네트 성채'(1547~55) 예배당에서 프랑스식 오더를 제시했다. 수직방향으로 오더-아치-지붕의 세 단계로 이루어졌는데, 이러한 수직성은 프랑스의 중세 전통이었다. 출입문의 개선아치, 신전 박공, 오더, 3분법 등을 이용하여 중세 고딕의 수직성에 장식을 더하여 프랑스 르네상스의 유형을 제시했다.

영국의 르네상스 건축은 프랑스보다 1세기가량 늦어서 1600년대부터 시작되었다. 이탈리아와 프랑스에서는 바로크가 시작되고 있었는데, 영국에서는 르네상스조차 시작하지 못하고 있었다. 고딕 양식이 늦게까지 계속되었으며, 이탈리아와 지리적으로 떨어져 있는데다, 종교개혁의 여파 때문에 1534년에 교황청과 단절되는 등 가톨릭 로마와의 교류가 어려웠다. 엘리자베스 1세 때부터 권력층의 성채나 생활환경 등에서 이탈리아풍이 유행하는 형식으로 르네상스 건축이 단편적으로 등장했지만, 본격적인 르네상스 양식의 건축 운동은 17세기부터 나타났다. 영국의 르네상스는 인위적으로 시작되었는데, 제임스 1세와 찰스 1세가 신교와 연합하면서 자신들의 정치 이상을 상징할 새로운 건축 양식으로, 중세 고딕을 밀어내고 르네상스 고전주의를 선택했다. 왕실의 요구를 받아들여 르네상스 양식을 본격적으로 도입한 건축가는 이니고 존스였다. 그의 대표작 중 하나인 그리니치 궁전은 영국에서 최초로 고전주의 표준 어휘가 등장한 건물이었다. 장식을 극도로 절제함으로써 자칫 밋밋해 보일 수 있는 북측 외부입면과 팔라디오의 빌라 모티브를 혼합하여 이오니아식 기둥으로 처리한 로지아를 선보인 남측 입면으로 구성된 그리니치 궁전에서는 더는 중세의 장식을 찾아보기 힘들게 되었다.

독일은 세 나라 가운데 르네상스 건축이 제일 침체되었는데, 종교개혁의 발상지로서 16세기부터 크고 작은 종교분쟁과 전쟁이 이어졌으며, 1618년에는 급기야 대표적인 신·구교 전쟁인 30년 전쟁이 발발했기 때문이다. 독일 르네상스는 개별 건물에 부분적으로 르네상스 어휘를 사용하는 매너리즘 중심으로 진행되었다. 이탈리아 매너리즘이 일탈이나 파격을 추구한 것과 달리 분산적 장식을 이용한 흥겨운 율동이 주요 특징이었다. 프리드리히 주스트리스의 성 미카엘(Sankt Michael, 뮌헨)에서는 비례를 무시하고 위로 올라갈수록 좁아지는 독일의 전통적인 다층형으로 전체 윤곽을 짰다. 기둥 사이를 아치 창, 벽감, 막힌 벽 등으로 처리했는데, 위아래가 달랐다. 수평선을 필요 이상으로 여러 겹 넣어 전체 윤곽의 수직

비례와 대비시켰다. 이탈리아 매너리즘의 반항과 부정과 달리 엇박자의 율동 느낌을 내면서 고전 어휘는 표준건축 부재보다는 기하학적인 장식부재에 가까웠다. 고전 어휘의 생명인 축조다움을 생략하고 판재를 오려붙인 것 같은 장식 느낌이 건물 전면을 지배했다.

VII. 바로크 시대

■ 역사적 배경

16세기 중반 이후 서유럽 지역은 약 100년 동안 중세 말 상황과 유사한 정치, 종교, 경제적 혼란을 겪는다. 1517년 독일의 신학자 마틴 루터는 기독교의 지나친 부패와 타락을 비난하며 '종교개혁' 운동을 일으키는데, 이로 인한 새로운 종교적 분파의 발생과 로마 교황 중심의 단일 종교체계 붕괴로 종교적 혼란기가 전개된다. 콘스탄티누스 황제(AD 300)가 기독교를 공식으로 승인한 이후 유럽인들을 정신적·사회적으로 결속시키는데 중요한 역할을 했던 기독교는 기존 로마 가톨릭(구교)과 프로테스탄트(신교)의 대립 구조로 각종 종교전쟁이 지속해서 발생했으며, 서유럽 전반에 걸쳐 심각한 정치적, 종교적 대립과 분열을 초래하였다. 중부 유럽에서는 종교의 자유와 정치권력에 대한 투쟁이 거세게 일어났는데, 1618년 독일에서는 신앙의 자유를 위한 신교도의 외침으로 30년 전쟁이 일어난다. 유럽의 지배권 확보를 위해 보헤미아, 프랑스, 스페인, 네덜란드 등이 전쟁에 참가하면서 이 전쟁은 국제 전쟁이 되고 만다. 결국 1664년 신교와 구교가 서로 승인한다는 조약을 맺고 전쟁은 막을 내리게 된다.

독일은 광대한 지역의 토지가 황폐해지고 인구가 감소했으나, 신교는 지켜지게 되었고, 독일의 북동쪽에 위치한 프로이센은 프리드리히 빌헬름(1640~88) 왕이 다스리는 동안 절대왕정체제를 위한 기틀을 수립한다. 이 체제는 귀족과 국왕이 서로 협력하며 봉건국가체제를 다지면서 주로 농업에 힘을 기울였다. 신교가 세력을 펴지 못했던 프랑스에서는 앙리 4세가 부르봉 왕조를 수립하고, 낭트 칙

종교전쟁으로 혼란을 겪는 1600년대의 서부 유럽

령에 따라 강력한 국가통일 정책을 수립하는 한편, 발로아 왕조식의 낭비를 억제하고 농업과 외국 무역을 장려하였다. 약 100년 동안 국내·외 분쟁을 거치며 심각한 혼란기를 경험한 유럽은 봉건제를 기반으로 지방의 영주들이 지역을 다스리며 긴장과 협력관계를 유지해오던 체제에서 벗어나 강력한 중앙체제와 통치력을 지닌 왕의 필요성이 자연스럽게 대두되었고, 강력한 중앙집권체제를 갖춘 하나의 '왕'을 중심으로 하는 국가체제로 변모하게 된다. 왕들은 '왕권신수설' 등과 같은 이데올로기를 동원하여 자신들의 권력을 절대화했다. 강력한 영향력을 행사하던 교회의 역할이 종교적인 부분으로 축소되면서, 신을 끌어들여 세속적 영향력을 행사하던 교회의 권력은 왕에게로 넘어갔다. 신에게 권력을 부여받은 왕들은 자신들의 권위를 바로크 미술을 통해서 과시하기 시작한다.

서유럽에서 절대왕권국가체제는 16세기 무렵 무적함대를 거느리며 유럽 제일의 강국으로 떠올랐던 펠리페 2세의 에스파냐에 의해 시작됐다. 무적함대를 무찌른 영국은 엘리자베스 1세 때 절대왕권의 기틀을 마련하였는데, 이 시기에 산업을 부흥시키고, 영국 국교회를 확립하여 절대왕권체제를 도모하게 된다. 대외적으로는 해외 식민지 개척에도 힘을 기울이는데, '동인도회사'를 설립하여 후추, 커피, 사탕 등의 향신료를 독점 거래하였고, 이후 영국의 해외 식민지 정책에 큰 영향을 끼치게 된다. 100년 전쟁으로 영국을 자국 영토에서 몰아낸 프랑스는 17세기 이후 유럽 최고의 부강국가로 부상하며, 정치와 문화예술을 주도하기 시작한다. 앙리 4세의 뒤를 이은 루이 14세는 왕권의 강화와 업적을 표출하기 위해 바로크 예술을 활발히 전개한다. 파리 교외의 베르사유로 궁전을 옮겨 유럽에서 가장 화려한 건축물을 건립하고, 문학, 과학, 미술, 건축 등의 각종 아카데미를 설립한다.

'바로크'는 찌그러진 진주라는 뜻으로, 이상한, 기괴한, 색다른 등의 의미가 내포되어 있다. 18세기 후반 신고전주의 관점에서는 바로크 시대의 예술이 이전 르네상스의 고전주의 양식에서 벗어나 익숙하지 않고 이상하다는 경시적 의미로 사용되었으나, 19세기에 와서는 바로크 예술의 독창적 가치와 의미가 재평가되면서 17세기 전반 유럽 예술을 총괄적으로 지칭하는 용어로 사용되었다.

■ 절대 왕권의 프랑스 루이 14세(1643~1715)와 왕권신수설의 영국 제임스 1세

16세기 말 신·구교도의 대립과 내란으로 발루아 왕조가 단절되면서 앙리 4세가 부르봉 왕조를 열게 된다. 앙리 4세가 제후들과 오랜 투쟁을 벌인 끝에 지배권을 확보함에 따라 루이 13세 시대에 절대왕정이 형성되고, 루이 14세에 이르러 절대주의 왕권이 절정을 이루게 된다.

루이14세와 절대왕정의 상징 베르사유 궁전

"신은 사람들이 왕을 신의 대리로서 존경할 것을 희망하였다. 신민으로서 태어난 자는 누구이건 무조건 복종하는 것만이 신의 희망하는 바이다."

라고 주장했던 루이 14세는 파리에 머무르는 것을 좋아하지 않고 루이 13세가 사냥을 즐기던 파리 근교의 베르사유에 자신을 위한 새로운 궁전을 짓게 한다. 단일 궁으로서는 전례 없는 규모의 베르사유 궁은 유럽 각국의 왕들에게 선망대상이자 이후 궁전건축의 표본이 된다. 궁전에는 왕을 호위하기 위한 친위대가 만 명, 시중을 위해 대기하고 있던 신하가 4천여 명이나 되었다. 왕궁에서는 매일같이 화려한 축제와 향연, 연극, 음악회 등이 끊이지 않았고, 모든 행사는 왕에 대한 경의를 표하기 위한 수단이었다. 당시 국가의 모든 권력은 왕에게 집중되고, 루이 14세는 신과 같은 존재였다. 신의 권위로 세상을 지배하고자 했던 루이 14세는 태양이 자신을 상징하도록 했고, 왕권에 대한 숭배는 우상숭배 수준에 달했다. 베르사유 궁 내에 2층 구조의 '왕의 예배당'에서 루이 14세는 천상에 해당하는 2층에 미사를 드렸고, 신하들은 지상계를 상징하는 1층에 서서 미사에 참석했다. 또한 1층의 신하들은 대제단을 향하는 것이 아니고, 2층의 루이 14세를 향해서 있었다. 이러한 배치는 군주가 신을 향해 예배를 드리고, 신하들은 왕을 향해

베르사유 궁전: 왕의 예배당(좌)/프랑스식 바로크 정원(우)

경배한다는 것을 상징적으로 드러내는 것이다. 국왕이 신격화되면서 그의 모든 행동은 종교의식에 버금가는 계획과 질서를 따랐고, 이러한 궁정의 질서를 조절해 주는 것이 에티켓이었다. 왕이 지상에서 신의 대리인 역할을 하자 귀족들의 권위가 약해졌고, 왕의 총애를 받기 위해 베르사유 궁으로 몰려들었다. 자신들의 저택을 마다하고 궁전으로 거처를 마련하여 루이 14세의 눈에 들어야 관직을 얻을 수 있었고, 연금을 하사받을 수 있었다. 이러한 루이 14세의 궁정정책은 단순한 문화행사가 아닌 귀족들의 절대 복종을 위한 문화정치의 일환이었다. 비슷한 시기에 영국에서는 엘리자베스 1세가 후계자를 남기지 못하고 죽자 스코틀랜드의 왕 제임스 6세가 후계자로 지명되었다.

메리 스튜어트의 아들이었던 제임스 6세는 1603년 결국 왕위에 올라 스코틀랜드와 잉글랜드, 아일랜드의 공동 왕이 되었다. 잉글랜드에서는 제임스 1세라고 불렸는데, 스튜어트 왕조의 시대가 시작되었다. 재위기간 동안 그는 잉글랜드와 스코틀랜드의 통일을 추진했다. 자신을 그레이트브리튼의 왕이라고 불렀으며, 유나이트라는 공동화폐를 만들어 통용시켰다. 그리고 잉글랜드의 국기인 성 조지의 십자가와 스코틀랜드의 국기인 성 앤드류의 십자가를 합하여 유니언 잭(Union Jack)이라고 불리는 오늘날의 영국 국기를 만들어 통일의 상징으로 사용하기도 했다. 하지만 의회의 완강한 반대에 통일을 이루지는 못했다. 원래 영국은 의회가 법을 제정했으나, 스튜어트 왕조에 이르러서는 제임스 1세의 동의 없이는 아무것도 할 수 없었다. 인민의 저항이 표면화하고 왕과 의회와의 항쟁이 심해지자 왕권신수설이 제임스 1세에 의하여 창도되었다. 그는 1609년에 "왕이 신으로 불리는 것은 타당하다. 그 이유는 왕이 지상에 있어서 신의 권력과도 같은 권력을 행사하고 있기 때문이다. 왕은 모든 신민을 심판하며, 더욱이 신 이외의 아무것에도 책임을 지지 않는다"라고 주장하였다. 제임스 1세는 또한 청교도를 탄압하였다. 대부분 청교도였던 국회의원들은 크게 반발했고, 탄압에 못 견딘 일부 청교도는 1620년 메이플라워호를 타고 아메리카 대륙으로 건너갔다. 영국인들은 제임스를 왕으로 추대한 것을 두고두고 후회했다. 스튜어트 왕조가 백성 위에 군림하려고 들었기 때문이다. 그로부터 약 100년 동안 영국 사람들은 스튜어트 왕조의 절대주의 정권에 맞서 자신들의 정당한 권리를 지키기 위해 목숨을 걸고 싸워야 했다.

청교도혁명과 찰스 1세의 참수형(1649)

영국인들은 제임스 1세의 통치 방식에 대해 동조하지 못했고, 스튜어트 왕조는 스코틀랜드 출신의 이방인이라는 인식이 더해져서 불만이 최고조에 달했다. 결국 제임스 1세의 뒤를 이은 찰스 1세에 이르러 올리버 크롬웰이 주도하는 청교도혁명이 일어나게 된다. 찰스 1세에 이르러 잦은 전쟁으로 재정이 부족해지자 의회의 고유 권한을 무시하고 일방적인 전횡을 일삼다가 의회의 기세에 눌려 1628년 '국회의 동의 없이는 어떤 세금도 걷지 못한다'는 내용을 담은 권리 청원을 받아들인다. 하지만 이듬해에 의회를 해산하고, 11년간 의회를 소집하지 않았는데, 스코틀랜드 지역에서 발생한 반란을 제압하기 위한 비용을 거두기 위해 결국 의회를 소집할 수밖에 없었고, 의회와 힘겨루기를 하게 된다. 이러한 대립은 청교도혁명으로 확대되었고, 의회군을 이끌었던 올리버 크롬웰이 왕의 군대를 제압한다. 찰스 1세는 스코틀랜드로 도주했으나, 스코틀랜드는 40만 파운드를 받고 찰스 1세를 크롬웰에게 넘겨준다. 1649년 1월 30일, 찰스 1세는 왕으로서는 영국 역사상 전무후무한 참수형에 처하게 된다. 청교도혁명 뒤 나라를 안정시킨 크롬웰은 1653년에 스스로 호국경(혁

제임스 1세(좌)/그의 후계자 찰스 1세(우)

참수형에 처해지는 찰스 1세

명 정부에서 최고의 권력을 가진 지위)이 되었고, 청교도 정신에 따라 매우 엄격하게 영국을 통치했다. 크롬웰은 1653년 의회를 해산하고, 종신 호국경으로 잉글랜드와 스코틀랜드, 아일랜드를 다스렸다. 그러나 이러한 정책은 영국 국민의 불만을 샀고, 크롬웰이 죽자 영국 국민은 다시 국왕을 추대하는 '왕정복고'를 추진했다. 그 결과 프랑스로 피신해있던 찰스 1세의 아들 찰스 2세가 왕위에 오르게 된다.

Tip 영국 왕과 의회 관계

튜더 왕조(100년전쟁 후 장미전쟁의 주역인 헨리 튜더_헨리 7세: 1485~1509년 왕) 하에서 근대적 기반을 다지게 된 영국의 의회정치는 의회와의 협조를 통해 발전하였고, 스튜어트 왕조 이전까지는 의회와 우호적인 관계를 지속했다. 의회가 힘을 가질 수 있었던 것은 왕의 돈줄을 장악하고 있었기 때문이다. 특히 지주층, 부유상인, 법률가가 주축을 이룬 하원의원은 여론을 주도하는 세력이었다. 국외에서 많은 전쟁을 치르게 된 16세기 튜더 왕조는 독자적 재정운영이 거의 불가능하여 자신의 수입에 대한 통제권을 가진 의회와의 우호관계가 필수적이었다.

■ 바로크 도시계획

대항해를 통해 식민지 개발과 경제적 부흥을 이룩한 유럽의 나라들은 16세기 이후 도시 인구가 팽창되면서 쾌적한 환경과 시민들의 편의를 도모하기 위해 도시계획을 시작한다. 기원전 7세기 그리스인들에 의해 시작된 도시계획은 바로크 시대에 본격적으로 도시 기능에 맞는 구체적인 계획들이 나오기 시작한다. 교황 율리우스 2세를 시작으로 로마 교황청은 16세기 중반 이후 반종교개혁을 배경으로 한 종교적 열정과 경제적 능력을 과시하기 위해 로마를 구교의 종교적 거점도시로서 장엄하고 웅장하게 꾸미기 시작한다. 16세기 말 과거 르네상스 시대부터 중점적 도시계획사업으로 추진되었던 성 베드로 성당과 바티칸 지역에 대한 정비를 강화하고, 로마 시내 54채의 교회들을 새로 정비하고 바티칸 궁을 포함한 60채에 달하는 궁전(palazzo)을 새로 짓는다. 도시로 유입되는 인구가 늘어나자 고대 로마 시대에 지어진 수로를 보수하여 로마 시내에는 충분한 물이 공급되었는데, 당시 35개에 달하는 공공분수대에 충분한 양의 물을 공급할 수 있었다. 규모와 화려함 측면에서 당시의 바티칸 궁과 비할 곳은 없었다. 10,700m^{2}의 면적, 11,500여 개의 방, 왕이 처소가 3곳이나 되었고, 저택이 2채 안뜰이 25곳에 있었다.

로마를 시작으로 스페인에도 거대한 왕궁이 지어졌다. 16세기 무적함대를 앞세

바티칸 궁전(좌)/로마 시내 분수대(우)

우고 유럽의 강자로 등극한 스페인은 펠리페 2세가 마드리드 50km 근방에 '엘 에스코리알' 궁전을 건설한다. 총면적 33,000m^2 면적에 수도원과 왕의 거처를 마련한다. 화려한 궁전을 위한 열망은 프랑스 앙리 4세와 루이 14세 때 프랑스에서 절정을 이룬다. 앙리 4세는 센 강변에 루브르 궁과 뒤틀리 궁을 합치는 대규모 공사를 벌이고, 루이 14세는 파리 근교 베르사유에 절대왕정의 상징인 루브루 궁전을 건축한다. 로마를 선두로 유럽의 다른 나라들도 도시를 정비하기 시작한다. 새로운 길들을 건설하고, 길과 길이 만나는 곳에 광장이 들어선다. 광장의 분수는 도시의 미관을 한결 아름답게 미화시켰다. 전원생활을 청산하고 도시로 들어온 귀족들을 위한 저택이 지어졌고, 도시에는 새로운 문화가 창출되었다. 17세기 중반 이후 왕과 중앙정부 중심의 중앙집권체제를 형성하여 강력한 왕권 중심의 국가체제를 형성한 프랑스는 바로크식 도시계획에 가장 적극적이었다.

중세 시대에 형성되었던 자연발생적 도로와 가구의 비정형적 공간, 물리적 구조가 큰 변화 없이 유지되었던 수도 파리는 광장을 중심으로 바로크식 기하학적, 정형적 공간구조로 변화한다. 사회가 안정되고 중산 계층이 늘어나자 프랑스의 앙리 4세는 도시계획에 입각한 재개발사업을 시작하는데, 시가지의 중심 지역에 공공광장을 건설하고, 이를 연결하는 공간적 축(Axis)으로써 넓은 직선도로를 개설하여 차츰 체계화된 도시구조체계로 변모한다. 앙리 4세는 중세로부터 기원되

스페인 엘 에스코리알 궁전(좌)/로마의 광장(우)

앙리 4세(좌)/르와이얄 광장, 파리(우)

었던 과밀화된 도시공간을 해결하고자 개방적 외부 공간을 조성하여 시민들에게 휴식공간을 제공하였으며, 도시의 상징적, 중심적 요소로서 위계적 질서를 부여하여 도시공간을 체계화하기 시작했다. 당시 지어졌던 보주 광장, 르와이얄 광장(1605) 등은 정형적인 중산층(귀족)의 주거지였던 오텔에 둘러싸여 사각형태의 광장을 형성하고 있었다. 오텔은 당시 도시귀족이 거주하던 테라스 하우스 형태의 집합주택으로 도로에 면한 1층은 상점 아케이드로 형성되어 있고, 위로 두 개 층이 더 있었으며, 돌출창을 가진 경사지붕으로 이루어져 있었다.

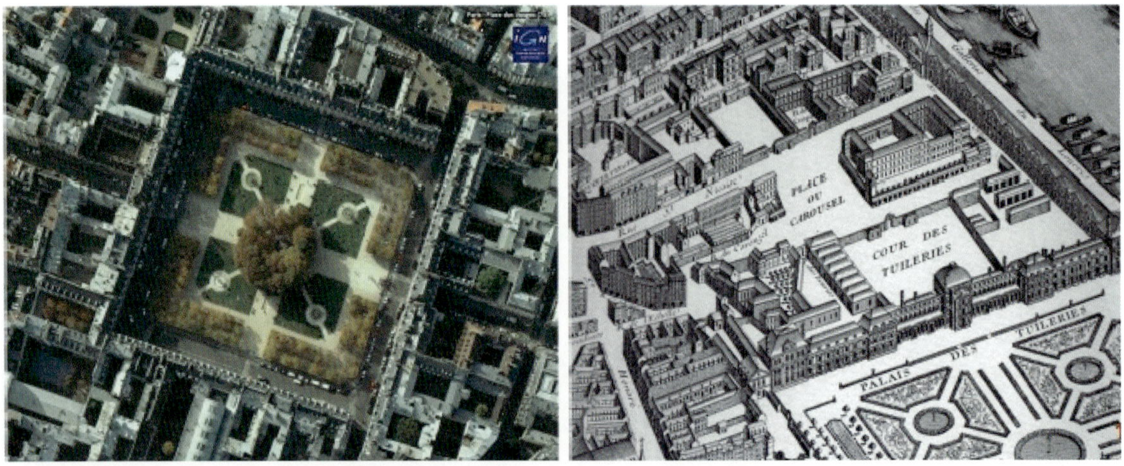

보주 광장, 파리, 1605~12, 140m×140m

공공광장의 중앙에는 오벨리스크나 분수대 등 기념조형물을 설치하여 왕의 업적을 선전하는 상징성을 표출하는 역할도 담당하였다. 도시의 발달, 도시로 모여드는 귀족들 그리고 절대왕정의 출현 등으로 바로크 도시는 왕권을 반영하는 새로운 지표가 된다. 왕의 권위와 권력 그리고 위업은 도시의 화려함으로 과시되었다. 사치스러울 만큼 화려한 바로크 시대의 궁전은 절대왕정의 힘을 과시하는 수단이기도 했다. 르네상스 시대 군주들에 의해 지원을 받아 화려하게 꽃핀 문화와 예술이 정치적인 목적으로 내부의 결속력과 자신들의 권력을 과시하기 위한 수단으로 이용되었다면, 바로크 시대에는 시각적 감각을 마비시킬 만큼의 화려한 장식의 건축과 도시정비계획이 권력자들의 힘과 권위를 표현하는 수단이 되었다.

■ 바로크 건축의 특성

바로크(Baroque)는 르네상스를 새로운 이상에 의해 발전시킨 양식으로 르네상스 말기에 이탈리아에서 시작하였다. 르네상스 건축이 그리스, 로마 고전 건축을 바탕으로 이성적인 아름다움을 추구했다면, 바로크 건축은 전통에서 자유로이 벗어나서 역동성과 거대한 규모의 기념성을 지니고 있으며, 일반적으로 가톨릭 교회의 영광과 전제주의 왕정의 강력하고 절대적인 힘을 과시하기 위한 목적으로 사용되었다. 또한 바로크 건축 양식은 빛과 그림자의 대비를 극대화하면서 형태와 색을 도드라지게 하여 극적인 강렬함을 불러일으키는 특성이 있다. 이 새로운 표현형식이 완전히 발달한 것은 17세기에 들어오면서 시작되었으며, 그 원동력은 16세기에 로마 교황청을 중심으로 전개된 가톨릭의 강력한 반종교개혁운동에 있었다고 볼 수도 있다. 마틴 루터와 존 칼빈에 의해 시작된 격렬한 종교개혁운동을 발생케 한 가톨릭 교회의 부패는, 16세기부터 교회 내부에 깊은 반성을 가져오게 되고, 교회정화에 대한 노력이 끊임없이 전개되었다. 르네상스 운동이 이탈리아 궁정의 부와 권력을 등에 업은 현세의 권력과 종교적 권력의 조합이었다면, 바로크는 초창기에는 개신교가 태동한 종교개혁에 대한 대처로 가톨릭 교회가 스스로 개혁에 나선 가톨릭 개혁과 직접 연관되어 있었다.

프랑스에서는 종교전쟁으로 인한 침체에서 벗어나 16세기 후반부터 가톨릭의 부활과 왕권의 절대화가 서서히 진행되면서 교회와 왕궁에 대한 건설이 재개되었다. 프랑스 바로크는 절대왕정이 절정에 이르렀던 루이 14세부터 프랑스대혁명 발생 전까지 활발히 전개되었는데, 군주제와 경제의 중상주의를 발판으로 정치적 위상을 표현할 권위적 건축 양식이 필요했고, 왕정은 프랑스 전통과 고전주의를 합친 바로크 건축을 적극 후원했다. 이러한 정치적 배경으로 이탈리아가 교황청에 의해 전개된 가톨릭의 강력한 반종교개혁 운동을 중심으로 성당 등 종교적 건축이 성행했다면, 프랑스 바로크는 절대주의 왕정을 배경으로 궁전이나 귀족의 저택 등의 귀족 중심 건축 위주로 발달하였다.

이탈리아 바로크 건축

바로크가 형성되어 가던 16세기 후반 이탈리아에서는 교황청을 주축으로 가톨릭에서 요구하는 새로운 종교적 내용에 부응하는 기독교 건축이 활발히 진행되고 있었다. 신교의 '믿음'이라는 강령에 맞서기 위해 가톨릭은 '종교적 열정'을 들고 나왔는데, 이를 고취하기 위해 성화, 조각, 공예, 프레스코 등의 화려한 기독교 미술이 다시 등장했다. 장식이 놓이는 바탕 면을 확보하기 위해서는 벽체구조가 적합했는데, 곡면, 오목–볼록, 타원, 자유 형태 등의 비정형주의와 잘 맞았으며, 바로크의 투시도 개념인 착시, 강조, 변형을 통한 뒤틀린 공간과 복합공간을 만들기에 기둥구조보다 유리했다.

바로크 건축의 문을 연 것은 쟈코모 바로치 다비뇰라(da Vignola, 1507~1573)였다. 바로크 건축을 이끌어갈 많은 제자를 길러내 로마 스쿨을 이루었으며, 로마 일 제수 교회 평면(Il Gesu, 1568~1573)에서 라틴 크로스를 부활시켜 바로크 교회 평면으로 정착시켰다. 일 제수는 예수회의 총 본산이었기 때문에 가톨릭의 상징성이 강하게 요구되었다. 이 교회는 만투아에 위치한 알베르티의 성 안드레아 성당을 변형한 형태로써 돔이 동측단부에 위치하여 기존 성당의 집중식 평면에서

예수회 찬양을 위해 화려하게 장식된 연 일 제수 성당, 1568~73

이탈하여 크로스 평면으로 변화를 주었다. 천장 채광은 중세 기법을 도입하여 초대 교회에서 중세 교회에 이르는 가톨릭 건축의 상징성을 살렸다. 천장에 루넷을 뚫어 빛을 끌어들여서 석재구조인 볼트를 돌이 아닌 것처럼 보이게 하는 탈 물질을 가했다. 돔에도 드럼에 창을 뚫어 하늘에서 내려오는 빛을 강조했다. 이런 처리들은 나중에 더한 장식과도 잘 어울리면서 실내에 신비주의 분위기를 만들었다. 건물 외부는 서측입면이 매우 특징적인데, 르네상스 시대 건축에서는 찾아보기 힘든 비정형적 형태(소용돌이 나선)를 갖추고 있어, 바로크 건축의 특성이 잘 드러나 있다. 실내 공간은 로마 고전주의의 벽체 구조로 구성되었는데, 지금의 화려한 장식은 후대 건축가들이 17세기 후반부에 완성되었다. 반종교개혁의 이상을 예술적으로 정점에 올려놓아 예수회 자신을 찬양할 목적으로 화려하게 꾸며졌다. 또한 신자들의 신앙심을 고취하고 감성을 불러일으키기 위해 자극하여 그리스도의 가르침을 전달하는 시각적 전달 역할도 담당하고 있었다. 교회 내부의 벽화는 그리스도의 찬양과 수난, 고통, 지옥과 천당을 암시하는 장면들로 사람들의 감수성을 최대한 자극하고 있는데, 보는 사람들을 시각적으로 압도하여 신앙심을 고취하는 것이 당시 종교 예술의 목적이었다. 화려한 금빛과 살아있는 듯 공중을 떠다니는 그림 속 인물과 조각들, 바로크 시대의 예술은 종교적 신비로움을 예술에 반영했다. 그 이면에는 종교개혁으로 위축되었던 로마 가톨릭이 자존감을 회복하고 자신들의 의지를 과시하려는 열망이 담겨있었다.

잔 로렌초 베르니니(1598~1680)는 일찍부터 조각에 소질을 보여 이른 나이에 교황에게 발탁되면서 로마의 바로크 건축과 예술의 발전에 많은 영향을 끼쳤다. 브라만테의 설계안에서 시작되어 많은 예술가의 손을 거친 성 베드로 대성당 마무리 작업을 담당했고, 곧이어 성당 앞의 성 베드로 광장(1656~67)을 계획한다. 이 거대한 광장은 교황 알렉산데르 7세의 로마 재개발계획 목적으로 추진되었는데, 성 베드로 앞의 건물들을 철거하고, 광장을 만드는 계획으로 이전에 중단된 것을 추진하는 것이었다. 바로크를 대표하는 기하학 도형인 '타원'을 광장의 바닥 형태로 이용하여 안정적이고 거대한 규모를 강조했고, 주변의 고전주의 건축 요소와도 어울리게 했다. 옆으로 누인 타원은 많은 군중이 성당과 가까운 거리를 유지하면 운집하는 데 도움이 됐고, 교황이 모습을 드러내는 발코니와 적절한 거리를 유지하게 해주었다. 광장의 경계를 형성하는 거대한 기둥 숲은 타원의 윤곽을 따라 형성됐다. 가로 195m, 세로 140m에 이르는 타원형 광장의 윤곽을 328개

타원형 광장의 외곽을 따라 형성된 328개의 이오니아식 기둥

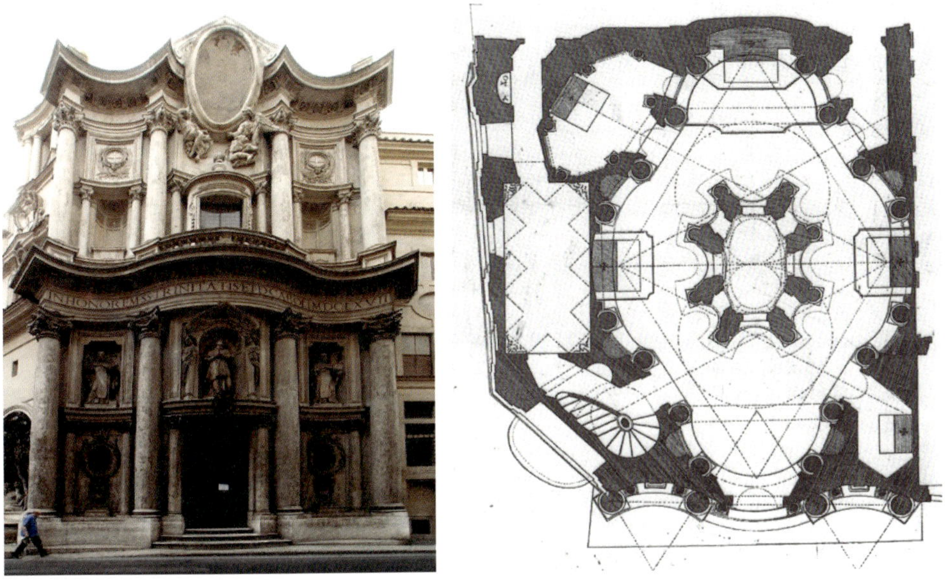

성 카를로 알레 콰트로폰타네, 보로미니, 로마, 1638

의 기둥으로 에워쌌다. 이 거대한 기둥 숲은 그리스 고전 어휘를 사용하여 종교적 엄숙한 분위기를 연출하며, 하나님의 능력을 상징하는 장면이 되었다.

프란체스코 보로미니(1599~1667)는 바로크 건축의 비정형주의를 대표하는 베르니니와 라이벌 관계를 형성한 건축가이다. 베르니니가 정통 고전주의를 이끌었다면 보로미니는 그 반대편에 서서 바로크 건축의 한 축을 이끌었다. 풍족한 생활을 누렸던 베르니니와는 다르게 석공의 아들로 어렵게 성장했지만, 누구 못지않은 천재성으로 창의력 넘치는 바로크 양식의 건축을 남겼다. 그의 대표작으로는 성 카를로 알레 콰트로폰타네(1638)를 들 수 있는데, 로마의 수도원에 부속되어 건축된 소규모 성당으로 자유로운 곡선형의 형태가 갖는 조형적 표현력으로 비정형 형태의 대표적 바로크 건축물이다. 타원형 평면을 기본으로 하여 가장자리 네 지점에 변화를 주어 전체 형태가 물결치는 듯한 타원형을 띠고 있다. 실내 공간에서 이러한 평면의 변화가 오목면과 볼록면의 변화로 꿈틀대며 나타나고 있다. 이런 공간 형태는 살아서 꿈틀거리는 생명력을 표현했는데, 타원의 기본 윤곽을 유지하며 안정적으로 사용하던 베르니니와는 정반대의 형태로 표현되는 경향이 있다. 외부 파사드에도 물결치는 곡선이 반복됐다. 오목면과 볼록면이 반복되는 파사드는 기둥에 의해 3면으로 분할되면서 곡선의 변화가 더욱 명확해져 보인다. 2층으로 연속 분할된 기둥에 의해 이런 긴장감 있는 분위기는 더욱 두드러진다.

프랑스 바로크 건축

이탈리아 바로크가 교황과 가톨릭을 중심으로 교회와 성당 등 종교적 건축물에 집중되었던 반면, 프랑스는 절대주의왕권을 중심으로 궁전이나 귀족의 저택(Hotel) 등의 건축에 활성화되었다. 고전적 건축 요소를 프랑스 전통 건축과 결합해 절제되고 질서가 있는 바로크 건축기법을 주로 추구하였으며, 독자적인 프랑스의 건축 양식을 정착하려 하였다. 이를 위해 왕실에서 건축 아카데미를 설립하여 왕실의 정치적 목적에 맞는 건축 양식을 구사하도록 강제화했다. 고전주의를 이용하여 왕실의 권위를 과시할 수 있는 기본 법칙을 정리하여 '그랜드 매너'라는 규정을 만들었다. 고전 건축의 비례를 지키며 좌우 대칭구조에 의해 중심성을 강조하는 내용을 담고 있어, 절대 왕정을 강조하는 권위적 건물을 창출하는 데 안성맞춤이었다. 루이 르보(1612~1670)는 왕실 고전주의를 정착시킨 루이 14세 초기의 수석 건축가다. 절대 왕정의 권위에 필요한 그랜드 매너를 바탕으로 프랑스 전통 건축에 고전 요소인 오더체계와 대칭구성을 섞어 건축에 적용했다.

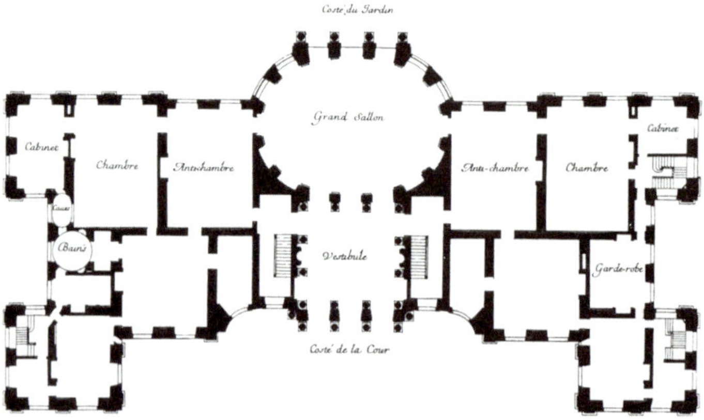

보르비콩트 성채 평면, 1656~61

보르비콩트 성채(1656~61)는 정통 고전주의와 프랑스 전통을 합쳐서 기념비적 처리를 더해 왕실 고전주의를 정착시킨 작품이다. 십자축 좌우 대칭구조, 계단 전실과 그랜드 살롱을 합친 웅장한 중심 공간 등 정통 고전주의와 정면 5분할, 기하학적 돔과 경사지

붕 등 프랑스 전통을 적절히 섞어 독창적인 건물을 창출했다. 보르비콩트 성은 재정 담당관이었으며, 프랑스에서 가장 부유하고 권력 있는 이들 중 하나였던 니콜라 푸케를 위해 지어졌다. 집들이로 초대되었던 당시 루이 14세는 자기의 성과 형편에 비추어 너무 호사스러운 재무장관의 집들이 축제에 분노를 느끼고, 그를 체포하라는 명을 내렸다. 결국 푸케는 재판을 받아 종신형에 처했는데, 세기의 사치와 호사를 누렸던 푸케는 왕을 초대한 집들이 한 번으로 평생을 피네롤로 감옥에서 보내다가 1680년 옥사한다. 루이 14세는 이 성을 만든 건축가 르 보, 화가이자 장식가 르 브룅, 조경 예술가 르 노트르를 불러 왕실 최고 예술가의 지위를 주고, 베르사유 궁전을 건설할 것을 명한다. 이후 이 세 사람은 베르사유 궁전을 통해 유럽에서 가장 화려하고 장엄한 궁전을 창출하게 되고, 보르비콩트 성은 베르사유 궁의 탄생에 결정적 이바지를 하게 된다.

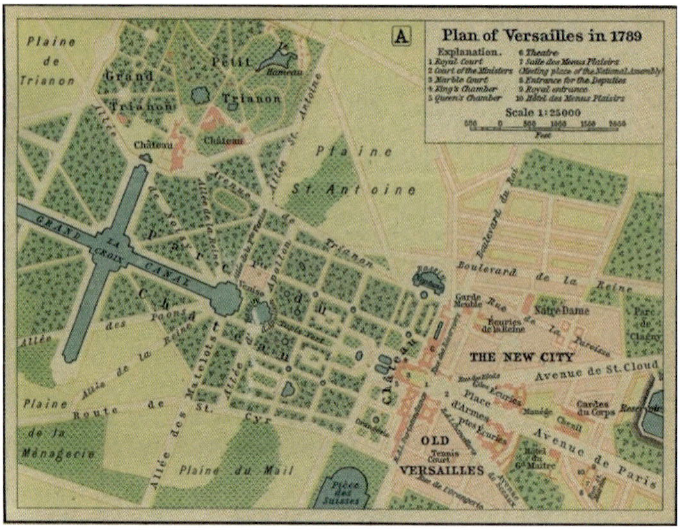

화려한 바로크 양식의 절정, 베르사유 궁전

파리 남서쪽으로 20km에 위치한 베르사유는 루이 13세 때까지 왕실 사냥터 역할을 하는 울창한 숲이 있던 지역에 불과했으나, 루이 14세에 의해 완전히 새롭게 태어난다. 1661년 왕을 대신해 국정을 운영했던 재상 마자랭이 사망하자 23세의 젊은 국왕 루이 14세는 자신이 친히 국정을 운영하겠다고 선언한다. 그에게 파리는 혼란과 무질서의 공간, 서민들의 소요와 귀족들의 봉기(프롱드 난)라는 악몽이 도사리는 장소에 불과했고, 1651년 베르사유를 방문한 뒤 마음에 들어 궁전을 옮기기로 결심한다. 끊임없는 계획변경과 증축으로 공사는 장기간에 걸쳐 진행되었고, 당시 최고의 바로크 건축가였던 르보와 아르두앙 망사르가 참여한 베르사유 궁은 공사가 시작된지 20년이 지난 1682년에서야 완성되었다. 이후부터 1789년 프랑스대혁명이 발발할 때까지 베르사유는 이른바 '절대왕정'의 권력이 자리 잡은 명실상부한 정치와 통치의 중심지로 기능했다.

베르사유 궁전의 초기 계획안을 담당하던 르보가 사망하자 총 책임을 이어받은 당시 최고의 바로크 건축가인 쥘 아르두앙 망사르가 완성했다. 루이 14세의 왕실 고전주의를 이어받아 그랜드 매너를 강조한 바로크 최고의 건축가로 자신

만의 창작성을 발휘해 독창적인 바로크 양식을 완성했다. 수평선의 강조, 대칭과 축 구성, 대칭에 기초한 기하학적 조화, 개방적 평면, 오더를 이용한 출입구 강조, 화려한 장식의 절제, 러스티케이션과 자연색을 이용한 단순한 장식 등이 대표적인 표현 양식으로, 그랜드 매너를 루이 14세의 취향과 자신만의 창작성으로 응용하였다. 베르사유 궁은 크게 궁전과 정원, 이렇게 두 부분으로 구성되어 있다. 궁전이 동쪽을 향해 북쪽과 남쪽에 있는 두 익랑을 두 팔처럼 길게 내뻗고 있다면, 정원은 서쪽을 향해 길고 커다란 카펫을 펼치고 있다. 궁전과 정원은 각각 '인간에 대한 통치'와 '자연에 대한 지배'라는 '태양왕' 루이 14세의 생각을

베르사유 궁전, 거울의 방

대변하고 있다. 규모로 본다면 정원의 넓이가 어마어마하기 때문에 궁전이 왜소해 보이는 것이 사실이지만, 바로 이 궁전과 주변의 부속건물은 무려 5천여 명이나 수용할 수 있었다. 물론 이 궁전으로 몰려드는 사람들이 너무 많아 궁전은 늘 공간 부족현상을 겪었고, 궁정에 새로 진출한 귀족들은 여기에 자신들의 조그마한 거처라도 얻어보려고 치열한 경쟁을 치러야 했다.

베르사유 궁전의 평면은 전체를 대칭으로 유지하면서 실내의 각 실 배치는 기능에 맞게 비대칭을 유도했다. 왕의 방에서 예배실에 이르는 동선이 건축적으로 가장 그랜드 매너가 잘 구현된 구간으로, 왕은 아침에 일어나 드로잉실을 거치며 예배실에서 미사를 올린 뒤 하루를 시작했다. 드로잉실에는 프랑스의 역사, 승전, 왕의 업적 등을 기리는 회화가 벽과 천장을 가득 메웠는데, 왕은 이 공간을 지나면서 프랑스의 역사를 가슴에 새길 수 있었다. 궁전 2층에 있는 왕의 침실은 내밀한 사적공간이기보다는 가장 공개적인 장소로, 모든 대신들이 참석한 가운데 루이 14세의 '기상의식'과 '환복의식'이 이루어졌다. 또한 이곳과 거울의 방은 베르사유 궁 전체를 조망하는 감시 장소이기도 했다. 여기에서 왕은 동쪽의 정문에서 오고 나가는 모든 사람을 파악할 수 있었으며, 베르사유 시 전체를 굽어보았다. 침실 뒤쪽으로 길게 뻗은 회랑인 거울의 방은 북측 익랑과 남측 익랑을 연결하는 건물 내 유일한 통로로 왕의 시야에 늘 포착될 수 있는 공간이었다. 이렇게

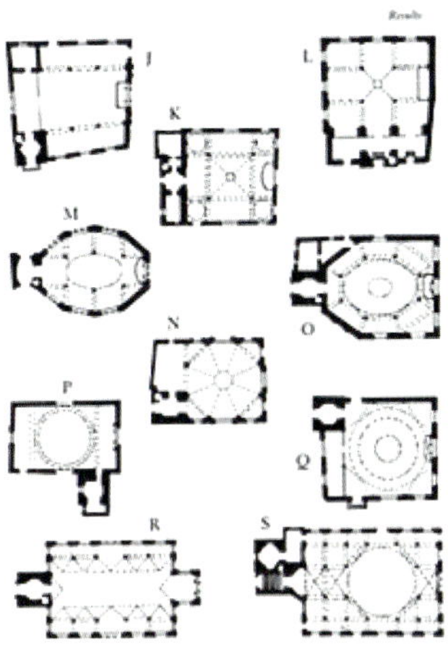

화재로 손실된 교회를 대신할 새로운 평면 유형, 크리스토퍼 렌

해서 베르사유 궁전은 루이 14세 왕권의 전시실이자 연극무대로 기능했으며, 궁전에서 이루어지는 모든 활동은 루이 14세를 중심으로 이루어졌다.

■ 영국 바로크 건축

영국 바로크 건축의 시작을 촉발한 직접적 사건으로 런던 대화재를 들 수 있다. 1666년 9월 2일 일요일 이른 새벽에 런던 푸딩 레인(Pudding Lane)에서 시작된 화재는 5시간 만에 구 바오로 성당과 300여 채의 집을 태우면서 런던 브리지까지 번졌다. 이후 며칠 동안 계속되면서 시의 $^{3}/_{4}$, 건물로는 87개의 교구 교회와 13,200여 채의 주택이 소실되었다. 곧바로 크리스토퍼 렌과 후크 등이 중심이 된 6인 위원회가 결성되어 복원과 재건에 총력을 기울였다. 교회 51채를 새로 지으면서 영국 바로크가 시작되었다. 17세기 후반 영국 건축계에서 영국 바로크의 지도적 역할을 한 것은 크리스토퍼 렌(1632~1723)이었다. 그는 영국 바로크 건축의 전부라 할 정도로 그가 차지하는 비중은 매우 컸다. 교회 재건계획에 포함된 51채의 교회 가운데 45채를 도맡으며, 영국 바로크의 기초를 완성했다. 렌은 한 번에 45채의 교회를 설계하는 부담을 유형학으로 해결했다. 유형 분류기준은 기하

유럽에서 두 번째로 높은(111m) 돔을 갖춘 세인트 폴 대성당

형태, 평면유형, 천장유형 등 세 가지였다. 기하형태는 사각형, 정사각형, 팔각형, 원, 타원 등을 사용했고, 평면유형은 일랑식 바실리카, 삼랑식 바실리카, 홀 교회, 그릭 크로스, 중앙집중형 등을 사용했다. 천장유형은 평천장, 크로스볼트, 배럴볼트, 돔 등을 사용했다. 이 셋의 조합으로부터 다양한 공간 유형을 얻어냈다.

1675년에 기공한 세인트 폴(St. Paul) 대성당은 렌의 대표적 작품으로서, 런던 대화재 때 크게 파손된 구 성 바오로 대성당 자리에 지어진 영국 바로크를 대표하는 건물이다. 당시 영국 사회를 구성하던 권력 주체, 특히 신·구교의 갈등이 첨예하게 대립하는 가운데 이를 잘 조절해 타협안을 이끌어낸 점이 돋보이는 작품이었

넬슨제독과 듀크 웰링턴이 안치돼 있는 대성당 내부

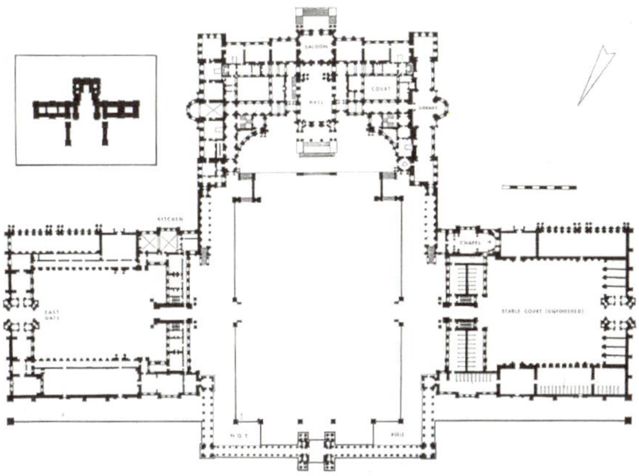

중세 성채를 연상시키는 블래넘 궁전, 1705~1722

다. 그가 집중형식을 좋아한 것은 현존의 모형으로 알 수 있으나, 처음 그 안은 채용되지 않았으며, 전통적인 장실형식이 사용되었다. 렌의 설계안은 여러 번의 힘든 수정과정을 거쳐서 확정되었다. 가톨릭에서는 영국 중세 전통의 라틴 크로스를, 성공회에서는 종교개혁 정신에 맞는 중앙집중형을, 찰스 2세는 자신의 전제성을 과시할 권위적 기념비성을 각각 원했다. 건축계에서는 영국 바로크를 대표할 이탈리아 표준 양식을 원했다. 렌 자신은 영국의 정체성을 싣고 싶어 했다. 랜은 여러 요구를 하나로 절충하여 평면은 라틴 크로스와 그릭 크로스를 혼합한 절충식으로 구성했다. 전 길이 175m, 정면이 폭 55m로서 구조적인 관점에서 매우 성공적으로 설계된 건물이다. 견고한 벽체는 많은 니치로 기복을 가지며 십자형 평면 교차부에는 네이브와 트랜셉트를 합친 폭으로 거대한 3중각의 돔이 축조되었다. 돔의 지름은 34m나 되었고, 상부 30.8m로 위로 향해서 좁아지게 만들어 그 상부에 반구형의 내각 돔을 설치했다. 그러므로 투시도적인 효과에 따라 돔이 더욱 더 높게 솟아 보인다. 파사드는 성 베드로를 기본 구성으로 삼아 프랑스 바로크와 영국 전통을 혼합했다. 신전 박공을 중앙 출입구로 삼아 오더 고전주의로 위계를 세운 뒤 양옆에 캄파닐레를 세우고, 그 뒤로 돔을 돌출시킨 처리는 성 베드로를 차용한 것이었다. 정면에는 새로운 형식의 이례적인 탑을 세웠으며, 광선과 음영의 강한 대조 등 완전히 바로크적인 구성을 나타내고 있다. 세인트 폴 대성당은 1710년에 완성되었으며, 설계에서 완성까지 한 건축가가 건축한 유럽 유일의 대성당이다.

영국 바로크 건축을 이끈 또 한 명의 건축가로 존 밴브루 경(1664~1726)을 들 수 있다. 그는 정식 건축수업을 받지는 않았지만, 독학으로 공부한 끝에 일반 건축가들과는 차별화된 건축을 선보였다. 그의 건축 경향은 고전 어휘에 많이 의존하지 않고 영국 전통을 살려내는 데 중점을 두어 영국다운 바로크 건축의 유형을 제시했다. 특히 픽처레스크한 분위기와 중세 성채를 모티브로 건축에 응용했는데, 중세 성채가 자연 환경과 어울리는 모습이 가장 영국답다고 하였다. 그의 대표작은 바로크 고전주의에 영국 성채 전통을 합친 블래님 궁전(1705~1722)이다. 블레님 궁전은 앤 여왕이 초대 말보로 공작 존 처칠에게 유럽을 정복하려는 루이 14세의 야망을 저지한 데 대한 감사의 표시로 하사한 것이다. 블레님 궁전은 처칠의 부인이 원했던 작고 편안한 집보다는 군사적 공로를 경축하기 위한 국가적 기념비로 의도한 건물이다. 영국에서도 가장 큰 궁전 중 하나로 손꼽히며, 유일하게 주교령 하의 저택이 아니면서도 궁전의 명칭을 유지하고 있는 곳이다. 궁전의 실루엣은 중세의 성채를 닮았으며, 외관 구성에서는 중심성을 약화하고 크고 작은 입체 단위들이 분산하며 어울리는 방식을 택했다. 밴브루는 유머와 위트가 뛰어난 사람으로 픽처레스크 구성과 잘 어울리는 조형적 흥겨움을 제시했는데, 공중에서 성채를 보면 프랑스를 상징하는 수탉을 물어뜯고 있는 영국의 사자 같은 스카이라인을 느낄 수 있다고 한다.

VIII. 신고전주의

■ 역사적 배경

18세기에 접어들면서 이전 시대의 화려하고 감정에 솔직한 예술적 표현에 대한 반감이 일어나기 시작한다. 데카르트, 프랜시스 베이컨 등의 사상을 배경으로 시대를 이끄는 새로운 질서는 신과 종교가 아니라 인간의 이성과 과학이며, 이러한 지식만이 인류를 구원할 수 있다는 계몽주의 사상이 형성되기 시작한다. 또한 1748년 폼페이 유적이 발굴되기 시작하면서 고대 그리스와 로마에 대한 관심이 부활하는데 고대의 '이성적 아름다움'에 대한 관심이 재조명받는다. 신고전주의 건축 양식은 르네상스와 같이 고전에 대한 열렬한 관심이 배경으로 작용했지만, 르네상스가 고전을 바탕으로 새로운 양식을 창출했지만, 신고전주의는 고전이 가진 형식상 법칙의 정확한 중요성과 양식적 요소의 객관적 분석과 역사적 근원의 연구가 그 출발점이었다. 당시의 건축가, 예술가들은 자신의 작품에 고전적 요소를 이식하고자 했는데, 우측 사진에 보이는 고대 로마의 판테온과 매우 닮아 있는 건물이 자연과 어우러지는 풍경은 고대 로마의 자연성을 살리

18C 영국식 픽처레스크 정원 풍경

18세기 고전 양식을 답습하는 건축가의 작업실을 묘사한 회화

면서 웅장한 다리나 건물을 세웠던 로마의 고전적 양식을 그대로 답습해 놓은 18세기 건축적 시도였다. 고대가 보여 주는 형식의 통일과 조화, 표현의 명확성, 형식과 내용의 균형 그리고 엄격한 구도는 하나의 미술 양식으로서만 그 영향력이 제한된 것이 아니라, 계몽주의 그리고 시민사회로의 전환이라는 시대적 대변혁과 함께 일종의 사회적 도덕 판단의 규준이 되었다.

하지만 18세기 유럽에 가장 큰 영향을 끼친 것은 프랑스대혁명(1789)과 영국의 산업혁명(18~19세기)이었다. 프랑스에서 발생한 시민혁명은 그동안 당연하다고 생각했던 수많은 구시대적 관습이 모두 깨질 수 있음을 보여 주었다. 혁명 이후 급성장한 시민계급은 귀족들의 화려한 인습에 반발하여 감성보다는 이성을, 장식보다는 단순미를 강조한 신고전주의 예술을 탄생시키는 원동력이 되었다. 시민혁명 이후 규범과 합리성을 중시하는 당시의 사회적 분위기와 신고전주의 예술은 잘 맞아떨어졌다.

이러한 신고전주의의 국가, 사회, 도덕 등에 관한 이성적이고 이상주의적 규범과 조화, 비례를 추구하는 예술적 표현경향을 작품에 잘 드러낸 신고전주의의 초기

호라티우스 형제의 맹세, 자크 루이 다비드

예술가는 자크 루이 다비드(1748~1852)였다. 그의 대표작인 '호라티우스 형제의 맹세'는 이러한 신고전주의적 경향이 잘 드러나 있다. 고대 로마 시대의 신화에서 모티브를 따온 이 그림은, 국가를 위해 싸우고 희생할 사람들로 그림 왼쪽에 있는 호라티우스 삼형제가 뽑히는데, 오른쪽 그들에게 칼을 나누어 주는 사람은 삼형제의 아버지이다. 아버지를 기준으로 왼쪽의 삼형제는 국가를 위해 싸우는 영웅이자 계몽으로 상징되며, 오른쪽의 자매는 자신들의 감정만 생각하는 개인이자 미몽으로 표현된다. 이 그림은 당시의 시대적 상황인 국가적 이상과 시대의 영웅상을 고전적인 안정적 대비를 통해 제시하는데, 로마 시대의 고전적인 소재를 빌려와서 표현한 전형적인 신고전주의의 예술적 표현이었다. 당시 유럽을 주도하던 프랑스와 영국, 독일의 상황을 돌아보면 프랑스는 시민혁명을 계기로 절대주의 왕정체제와 신분사회 등의 구시대적 질서가 붕괴하면서 근본적인 정치, 경제체제가 변혁되는 등 한동안 사회적 혼란을 겪었으나, 나폴레옹 1세의 등장으로 유럽 대부분의 국가를 정복하면서 여전히 강대국으로서의 위치를 유지하며,

나폴레옹 1세 황제 대관식

근대적 국가체제를 갖추어 나갔다. 영국은 17세기 청교도혁명에 의한 절대왕정이 타격을 받으면서 유럽에서 가장 먼저 입헌군주정 체제를 확립한 후 정치적, 종교적 안정기를 구가한다. 막강한 해군력을 바탕으로 전 세계 넓은 식민지를 확보한 영국은 세계무역의 중심지로서 풍부한 물자의 유입으로 경제, 상업, 공업기술 등에 급격한 발전이 이루어졌고, 이를 바탕으로 18세기 후반부터 산업혁명을 선구적으로 전개하며 유럽의 최강대국으로 그 위치를 굳건히 한다.

근대사회 형성에 큰 영향을 끼쳤던 산업혁명과 시민혁명

독일 지역은 여러 소공국으로 분열된 채 지속했던 신성 로마 제국이 나폴레옹 1세에 의해 1806년 멸망했고, 이후에도 프랑스와 오스트리아의 영향 아래 정치적 혼란기를 겪었지만, 19세기 이후 프로이센 왕국의 주도로 점차 근대적 국가체계를 완성한다.

■ 신고전주의 건축의 특징

18세기 들어 과거의 역사적 사실을 객관적, 과학적으로 접근하려는 경향이 생겨났고, 고고학의 발달로 고대 문화에 대한 관심과 고전주의 정신이 증가했다. 바로크 양식의 화려한 장식과 감성적 경향에 반대하여 합리적, 객관적 원리에 기반을 둔 조형 원리를 세우고자 하는 경향이 대두되었고, 과거 고전 건축에 표현되었던 조형적 균형과 조화를 재생하려고 시도하였는데, 시대와 장소를 초월하는 이상적, 절대적인 완벽한 미는 고대 그리스와 로마의 고전주의 건축에서 발견될 수 있다고 믿었다. 특히 고전 건축의 핵심적 구성 원리였던 오더(order)를 중심으로 아치, 아케이드, 열주, 엔타블레춰 등의 고전적 건축기법을 정확하게 모방·복원하는 측면에 관심을 기울였다.

루브르 동익랑, 파리,1667~70(좌)/육군사관학교, 파리, 1750~68(우)

신고전주의는 바로크 건축의 지나친 감성적, 장식적 경향에 대한 반발로 루이 16세 재위 당시 프랑스에서 시작되었다. 건축가 클로드 페로의 루브르 동익랑(파리, 1667~1670)에서 그 징후가 나타났는데, 건물 전면에 독립기둥을 내세워 바로크 건축에서는 찾아볼 수 없는 형태를 갖추었다. 기둥 양식은 로마 코린트식이고, 쌍기둥으로 처리한 것도 로마식이었지만, 열주 자체는 그리스 고전주의 건축의 기본 정신을 대변하는 것이었다. 정면 중앙부의 신전 박공식 지붕과 벽체 구조 또한 로마 고전주의를 연상시키는데, 당시의 비정형 양식의 바로크와는 정반대되는 처리로, 고전주의에 대한 관심을 반영함으로써 신고전주의의 시작을 알리는 건물로 평가할 수 있다.

18세기 프랑스 건축가 블롱델은 이전 시대의 바로크 양식을 18세기 정신에 맞게 변형, 계승해야 한다고 주장했는데, 그 내용을 보면 로마 고전주의의 벽체 구조를 배경으로 장식을 최대한 절제하고, 일정한 오더 양식을 반원형 벽기둥으로 사용해서 열주처럼 나란히 배열하는 건축적 구성이었다. 이러한 18세기 프랑스 신고전주의 건축 양식을 잘 반영한 대표작으로 파리 육군사관학교(자크앙주 가브리엘, 1750~1768)를 꼽을 수 있다. 고전 건축의 간결한 형태를 이어받아 장식은 거의 사라지고 가지런한 창으로 긴 수평선을 강조했다. 프랑스 전통 양식을 강조하기 위해 경사지붕을 사용하였으며, 군사적 목적의 건물을 강조하기 위해 중앙부에 그리스 신전기둥과 삼각지붕을 구성하여 권위적인 왕정건물의 성격을 연출하였다. 열주기둥이 중앙부위에 집중되어 있기는 하지만, 전체 건물의 비례와 조화에서 고전적 안정감을 느낄 수 있고, 로마 고전주의 원형에 충실한 벽체 건축의 느낌을 표현하였다.

팔라디오 양식의 부활과 영국의 신고전주의

영국의 18세기 건축은 팔라디오 양식(Palladianism)의 리바이벌로 시작했다. 당시 영국은 조지 1세가 즉위하면서 권력은 진보적인 휘그당으로 넘어갔다. 중상주

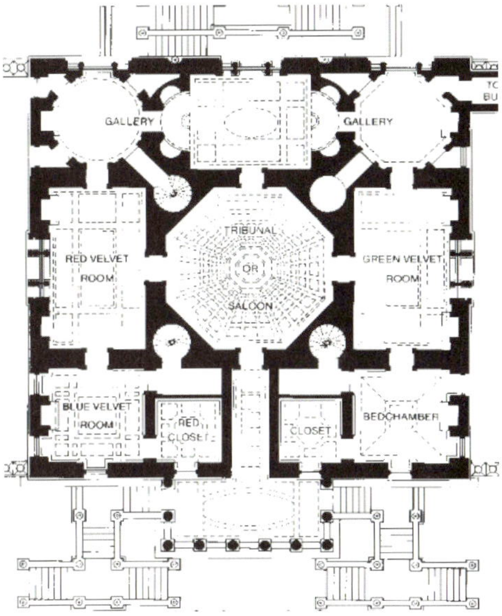

치즈윅 하우스, 런던, 벌링턴백작, 1725

의, 합리주의, 산업기술, 부르주아 등 새로운 권력과 생산 방식을 기반으로 삼은 휘그당이 집권하면서 영국 사회 전반에 효율과 이성을 중시하는 현실주의 바람이 불었다. 이들은 자신들의 진보적 정치 이상을 구현할 새로운 건축 양식을 찾게 되었고, 왕정복고와 가톨릭의 부활이라는 보수주의 분위기를 대변하며, 비합리적이고 과도한 장식으로 인식됐던 바로크와 반대되는 간결하면서 절제된 특징을 가져야 했다. 고대 그리스·로마 건축에서 비롯된 고전적 형태를 특징으로 하고, 완벽한 비례와 조화를 추구하여 이를 기하학적으로 재구성한 팔라디오 양식은 합리성, 논리성, 추상성이 강했기 때문에 이 기준에 잘 맞았다. 17세기 초에 이니고 존스가 팔라디오 양식을 도입한 이후 18세기 전반에는 대대적인 팔라디아니즘 운동이 일어났고, 팔라디오 양식은 엄격한 고전 건축을 국가적인 건축규범으로 재정립하고자 하였다. 영국의 팔라디오 양식을 집약시킨 건축가는 콜린 캠벨과 벌링턴 백작 리처드 보일이었다. 특히 벌링턴 백작은 1725년경에 팔라디오의 라 로톤다를 모방하여 런던 근교에 치즈윅 하우스를 설계하였는데, 영국에 신고전주의를 유행시킨 대표적 건축물이었다. 치즈윅 하우스는 팔라디오의 '로툰다'와 상당히 유사한 외관 형태를 갖추고 있다. 정사각형 평면을 9등분하고, 중심

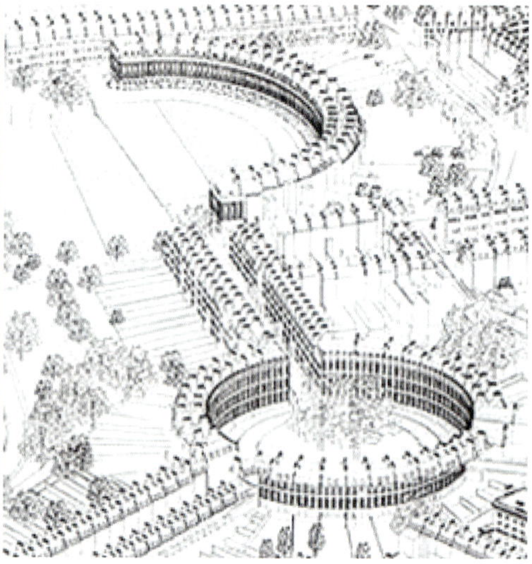

영국 광장주거의 전형이 된 로열 크레센트, 배스, 1777

부를 다시 정사각형으로 처리하여 중심성을 강조하였고, 기단 위에 몸통을 올리고, 계단을 통해 건물 내부로 이동할 수 있다. 로툰다가 사면에 계단을 설치하여 완벽한 십자축 기하학으로 구성됐다면, 치즈윅 하우스는 정면에만 메인 계단을 설치하였고, 계단형태도 세 번 방향이 바뀌는 복잡한 형태로 구성되어 정면을 강조하는 형태로 설계되었다. 영국의 기후를 고려하여 로지아는 정면에만 두었으며, 현관에는 코린트 양식의 기둥을 사용하였다. 정원은 근대 조경의 아버지라 불리는 윌리엄 켄트가 만들었는데, 아름다운 조각과 뾰족한 기둥, 스핑크스상, 원형극장, 작은 폭포, 다리 등으로 구성되어 있다. 이러한 낭만주의 정원 디자인은 이후 영국의 전원주택에 많은 영향을 끼쳤다.

18세기 영국은 산업혁명의 영향으로 상인, 법률가, 사무원 등과 같은 도시 중산계층이 증가하였고, 큰 규모의 저택과 노동자 주택의 중간 수준인 투기성 주택이 성행하였다. 투기업자들은 땅이 필요했는데, 대부분 상업에 관심이 있는 귀족들이 제공한 부지에 주택을 건설하였다. 영주들은 종종 개발업자로 행세하기도 했으며, 그중 일부는 상점과 개방공간을 포함하여 배치하는 방식이 상업적으로 유리하다는 사실을 인식했다. 이러한 배경을 바탕으로 가로 주택과 개방된 휴식공간을 연결한 배스(Bath) 지역 주택개발은 18세기 들어 영국 광장주거의 전형이 된다. 영국 남서쪽에 있는 소도시 배스는 대표적인 온천 휴양지였으며, 로마인들에게 지배를 받던 당시 로마 건축이 제일 많이 지어진 도시였기에 로마 고전주의를 지역 양식으로 간직한 곳이다. 이런 전통이 18세기 신고전주의와 맞아떨어지면서 영국 지역 양식이 탄생하게 된다. 존 우드 부자에 의해 개발된 주택광장은 팔라디오 양식을 기본 모티브로 삼아 더욱 보편적인 로마 고전주의 양식을 선보인다.

1777년에 완성된 로열 크레센트 광장주거지는 160m 지름의 반달형 원호를 따라 길게 늘어선 3층의 타운하우스로 이루어졌는데, 콜로세움에 사용됐던 오더를 이용한 수직층 쌓기를 차용하였다. 가로를 면한 긴 입면이 같은 창의 반복으로 지루해지기 쉬웠는데, 여기에 기단이 받치는 벽체구조에 이오니아식 반원형 벽기둥 114개를 일렬로 세워서 로마의 원형경기장에서 느낄 수 있는 활력감을 건물에 불어넣었다. 이러한 광장형 주거지에 나타나는 집합주거 유형은 테라스 하우스로서, 건물의 외관은 팔라디오 양식을 따랐으며, 각 단위 주호의 평면은 같지만, 전체 건물 전면을 궁전과 같이 장식함으로써 거주자들에게 궁전에서 살고 있다는 만족감을 주고자 하였다. 이러한 연립 테라스 하우스 방식은 영국 전역의 대도시로 확대되어 도심의 귀족 상류층 주거 형태로 곧 자리 잡게 된다. 테라스

반달 원호를 따라 배치된 로열 크레센트의 연립 테라스 하우스

주택 1층 입구에는 포디움을 설치하여 도로에 면한 장식적인 문을 통해 출입이 가능하도록 하였고, 1층과 2층은 주인이 거주하는 공간으로 3층 다락방과 지하층은 하인이나 물품 저장소로 사용하였다. 테라스 하우스는 초창기 도심의 집합주거로서 상류층에게 인기를 끌었고, 이후에는 중산층 집합주거의 한 유형으로 널리 사용된다.

IX. 절충 · 역사주의

■ 발생 배경

절충주의 개념은 19세기 프랑스에서 처음 통용되기 시작했는데, 어떤 한 가지 체계를 따르지 않고 다른 여러 사상이나 양식을 적당히 절충하여 선택하는 것을 말한다. 건축에서는 18세기 이후 바로크 양식이나 고딕 양식을 고전 그리스, 로마 건축 양식에 절충하거나 과거 양식의 복원과 모방이 새로운 건축 양식에 접근하는 방식으로 나타났다. 이 건축 운동은 역사적 양식으로 회귀한다는 이유에서 역사주의라고도 불리었다. 18세기 신고전주의와 비교하면 차용하는 역사적 양식에 대한 제한이 없어 그리스에서 바로크에 이르는 크고 작은 양식이 모두 리바이벌되는 양식의 홍수 시대가 도래했다.

19세기 프랑스에서는 대혁명 이전의 체제로 돌아가기 위한 계급 차별을 다시 수립하고, 사회 전반에 만연한 혁명의 기운을 없애고자 하였다. 이러한 사회 전반의 보수적 경향은 예전의 귀족 중심 사회를 이루었고, 생활 전반에 과거의 기호와 양식이 부활하기 시작한다. 19세기는 과거 양식의 최후 단계이자 다음 시대에 대한 출발 준비기로 역사적으로나 예술적으로 상당한 혼란기에 속한다.

고대 양식의 복합적 복원을 그린 회화

양식의 혼란과 시대적 양식의 부재 속에서 시민들은 과거 양식의 단순한 재현은 무의미함을 깨닫고 새로운 견지에서 과거 양식 전체를 재조명하기 시작한다. 이에 각종 양식을 취합, 선택, 절충하여 새로운 형태를 만들어내는 절충주의가 이 시대 하나의 사조로 자리 잡는다.

또한 산업혁명 이후 다양하게 발생한 사회적 변화에 대응하고 새로운 재료와 기술을 수용하는 과정에서 19세기 중반 이후 새로운 건축을 추구하는 신건축 운동이 일어나게 된다. 19세기 초반의 역사주의 건축과 중반 이후에 탄생한 신건축은 상반된 특성이 있는데, 역사주의는 제국주의가 이끈 보수주의에, 신건축 운동은 문명의 주체를 미래를 향한 기술 발전에 두는 진보주의에 각각 대응될 수 있다. 실제 지어진 건물 수는 역사주의가 압도적으로 많았지만, 신건축 운동은 20세기를 준비한 첨단 양식이란 점에서 이를 능가하는 시대적 중요성을 가졌다.

역사주의는 역사 양식을 직설적으로 복사하며 여전히 석재를 주재료로 사용하

갈레리아 비토리오, 주세페 멘고니, 밀라노, 1877

지만, 신건축 운동은 산업혁명의 결과 새롭게 등장한 철물과 철골 구조, 철근 콘크리트 등에 맞는 건축 양식을 창출하려던 운동이었다. 대부분 각종 철물을 그대로 노출하며 유리와 함께 사용했다.

19세기에는 근대국가의 기틀이 닦이면서 박물관, 미술관, 도서관, 기차역, 법원, 시청사, 국회의사당 등과 같은 시민사회를 위한 다양한 공공건물들이 새로 등장하게 되고, 자본주의가 자리 잡으면서 증권 거래소, 은행, 대형 시장 등 상업시설의 수요가 급격히 늘어나게 된다. 이러한 새로운 유형의 건물들은 역사적 선례가 없었기 때문에 건축가들에게는 그에 맞는 새로운 건축 양식을 찾아야 하는 숙제가 생겼다. 결국 새로운 유형에 적합한 양식은 과거 비슷한 선례를 참고하여 새로운 기술과 절충했다. 예를 들어, 공공성이 강한 기차역, 도서관, 오페라하우스 등의 건물 외부에는 고전주의 요소를 차용하고, 넓은 공간이 요구되는 내부 공간은 철과 유리라는 신소재를 사용하여 절충적인 건축을 창출해 냈다.

■ 프랑스 역사주의

19세기 중반으로 접어들면서 민족주의 영향으로 건축에서도 자국의 국가 양식을 리바이벌하려는 움직임이 나타났다. 이 시기에 가장 먼저 근대적 통일국가를 세우고 중앙집권의 전통이 강한 프랑스는, 17세기 자국의 국가 양식이었던 바로크를 리바이벌한 네오바로크를 국가 양식으로 삼는다. 나폴레옹 1세와 화려한 예술·건축을 창출했던 루이 14세에 대한 향수가 커지고 있었기 때문인데, 나폴레옹 3세가 등장하면서 제국과의 경쟁과 이를 과시할 기념비적 양식이 필요했기 때문이다. 나폴레옹 3세는 분열과 대립이 심하던 당시 국가 양식을 정립하여 프랑스 사회를 통합할 목적으로 네오바로크 양식의 건축 사업을 활발하게 벌였다. 프랑스의 국가 양식 정립을 통한 확실한 조형목적과 건축 경향은 주변 국가에도 영향을 끼쳤는데, 특히 영국에 많은 영향을 끼쳐 빅토리안 고딕 양식과 경쟁하며 발전하였다.

방사형 도로의 중앙에 위치한 파리개선문

프랑스 역사주의의 시작은 나폴레옹 제정 시기였다. 이 시기의 대표작인 파리 개선문(1806~30)은 나폴레옹의 야망을 대변하고 있는데, 그가 흠모했던 로마 제국의 개선문을 모티브로 삼아 로마 제국주의의 부활을 상징하는 건축적 징표로 알맞은 유형의 건축이었다. 기본 형태는 로마의 개선 아치와 유사했지만, 파리 개선문은 거석구조로 세워져 크기에서 차이가 났다. 개선문이 위치하는 장소는 샹젤리제 거리 등 파리의 주요 도로 십 수 개가 방사형으로 만나는 요지였다. '모든 길은 로마로 통한다'를 파리의 개선문에 실현해 나폴레옹이 세계의 중심이라는 정치적 욕망을 표현한 건축물이었다.

나폴레옹 1세의 후계자로 프랑스 제 2제정을 수립한 나폴레옹 3세는 산업혁명과 근대적 자본주의 경제체제 확립, 파리 도시정비, 해외 식민지 팽창에 힘을 기울였고, 자국의 정체성을 건축을 통해 표현하려 했다. 파리 대법원, 리옹 상무성, 랭스 시청사 등 주요 공공건물이 네오바로크 양식으로 지어졌다. 당시에 다수의 대중을 위한 새로운 사회 인프라 시설이 필요했고, 기차역은 산업혁명으로 인해 유럽 열강이 경쟁을 벌이던 장으로 중요한 국가적 사업이었다. 당시 중요한 국가시설로 떠오르는 기차역에 네오바로크 양식을 사용하는 것은 당연했고, 파리 북역(1858~66, 히토르프)은 네오바로크와 그리스, 로마고전주의를 절충해 지어졌다.

전체 골격은 로마의 개선 아치 모티브를 사용하여 기차역의 관문 역할을 강조했다. 아치 사이의 벽에 이오니아식 양식의 기둥과 출입문에 열주스크린을 세운 것은 그리스 건축 요소를 차용한 것이다. 그 외 바로크기법을 차용한 것으로는 다음과 같다.

1) 벽기둥을 쌍기둥으로 처리하여 거대 기둥 양식의 거석 구조로 처리
2) 쌍기둥과 열주스크린 위에 조각상을 세워 장식적 기념비주를 추구
3) 경사 지붕을 사용하여 삼각 박공지붕으로 마감하고, 쌍기둥을 돌출벽체처럼 처리하여 전면을 5분법으로 분할

파리 오페라하우스: 부르주아를 위한 건축

나폴레옹 3세의 통치기간, 파리는 유럽에서 가장 현대적인 도시로 탈바꿈했다. 당시 파리시장 오스만 남작의 주도하에 비좁은 중세의 길들은 완전히 사라지고, 그 대신 넓은 대로와 여러 채의 훌륭한 공공건물이 들어서게 되었다. 새로 지어진 대로변에 자리 잡은 오페라하우스(1861~1875, 샤를 가르니에)는 당시 프랑스에서 새롭게 중산층으로 떠오른 부르주아의 요구로 지어지게 됐다. 나폴레옹 3세와 부르주아 계층 사이에는 제 2제정을 경제적으로 뒷받침해주는 대신 여러 이권을 보장받는 정치적 관계가 형성됐는데, 부르주아는 경제적, 정치

적 기반을 다지면서 전통적인 지배계층과는 다른 자신들의 정체성을 문화적으로 표출하려 했고, 그 결과 오페라하우스가 태어났다. 오페라하우스의 설계 공모전에서 우승을 차지한 이는 젊고 상대적으로 경험이 많지 않은 건축가였던 샤를 가르니에였다. 다이아몬드 모양의 대담한 그의 설계는 완전히 절충주의적이었는데, 르네상스와 네오바로크적 요소를 적당히 배분했다. 가르니에는 전통적인 이탈리아풍으로 2,200명의 관객을 수용할 수 있는 객석과 450명의 배우가 동시에 오를 수 있는 무대로 구성된 웅장한 규모의 오페라극장을 만들어냈다. 황제의 수행원들과 부유한 벨에포크 관객들이 산책을 즐길 수 있는 장소로도 사용되기 때문에 로지아, 로비의 휴게실, 층계, 로툰다 등이 극장 자체보다도 더 많은 공간을 차지하고 있다. 내부에서 가장 인상적인 부분은 웅장한 계단으로, 층계는 대리석으로 되어 있으며, 난간은 줄마노로 이루어졌다. 내부 구조는 철골조에 대리석 프리즈, 베네치아 모자이크, 도금한 거울, 샹들리에, 기둥, 여상주 등 풍부한 실내장식을 입혔다. 호화로운 포이에르 드 라 당스는 샹들리에와 폴 보드리의 춤과 음악을 주제로 한 30점의 우의화로 장식하였다. 무대 관객석은 6톤의 육중한 샹들리에와 마르크 샤갈의 천장화가 그 화려함에 정점을 찍고 있다.

■ 영국 역사주의

19세기 영국 역사주의는 절충주의와 빅토리안 고딕의 두 가지 방향으로 진행되었는데, 영국의 절충주의 건축은 자유주의 사상에 의한 사회 변혁에 따른 건축적 요구로 발전되었다. 산업혁명의 발상지이자 자본주의 종주국으로서 새로운 유형의 건물에 대한 수요가 급격히 증가했다. 이러한 새로운 유형의 건물에 적합한 양식을 찾기 위해서 비잔틴, 르네상스, 바로크 등 다양한 과거 양식의 리바이벌이 시작됐는데, 고딕 양식을 재사용한 빅토리안 고딕이 선호되었다. 영국의 고딕 리바이벌이 '빅토리안 고딕'으로 불린 이유는 19세기 해가 지지 않는 나라로 불리며 최전성기를 누리던 당시 영국을 통치한 빅토리아 여왕과 같은 시대를 대표하는 건축 양식이었기 때문이다. 이는 영국이 중세 시대 고딕 양식에 대한 애착이 강한 편이기도 하였지만, 프랑스가 강대국이었던 17세기 절대왕정 시대의 바로크를 리바이벌하여 19세기에 네오바로크로 국가 양식을 창출한 것과 맥을 같이 한다.

국회의사당(1836~1860)

화재로 타버린 웨스트민스터 왕궁자리에 지어진 영국의 새로운 국회의사당은 찰스 배리 경(1795~1860)과 오거스터스 퓨진(1812~1852)에 의해 고전주의 구성과 고딕 양식이 절충된 건축물로 탄생했다. 배리 경은 대칭과 비대칭을 적절히 섞어 고전주의 방식으로 평면을 구성하였고, 퓨진은 고딕 어휘로 외관을 설계하였다. 평면구성은 좌우대칭이지만, 빅토리아 타워와 시계탑(빅벤)은 이런 좌우대칭 균형을 깨는 주요 요소이다. 국회의사당 덕분에 이후 몇 년간 영국에서는 고딕 양식이 주를 이루었다. 전체 평면은 1,000여 개의 방과 3.3km의 길고 복잡한 복도로 구성되어 있고, 중앙로비 북쪽은 하원 의사당과 남쪽의 상원 의사당으로 양분되어 있다. 외부 형태는 이 건물의 트레이드마크인 위로 갈수록 뾰족해지는 고딕 선례를 채용하여 중세 교회탑을 연상시키는 네모난 지붕탑 양 끝에 배치했

는데, 이중 '빅벤'으로 불리는 시계탑은 런던의 랜드마크로 잘 알려져 있다. 시계탑에는 큰 종이 달려 있는데, 구리로 된 분침 길이만 4.25m에 달하고, 분침이 너무 무거워 속을 비우기까지 했다. 영국 의회는 평민의 이익을 대변하는 평민회와 귀족 및 왕실의 이익을 대변하는 귀족회로 이루어져 있는데, 1295년 에드워드 1세 때 과세문제로 인해 모범 의회를 열어 귀족은 귀족원을, 중산층 대표들은 시민원을 따로 형성하였고, 이는 오늘날의 상원과 하원으로 발전했다.

대영박물관(1823~1846, 로버트 스머크)

19세기 유행한 다양한 절충주의 양식이 유행하던 영국에서 그리크 리바이벌은 절충주의와 섞여 절충주의 고전주의 양식으로 전개되었다. 대영박물관은 그리스 건축 양식을 가구식 구조의 합리성에 강하게 표출했는데, 전체 윤곽을 단순한 사각형으로 처리하고, 이오니아식 열주가 건물 전면을 돌아가며 배치되었다. 이오니아식 주두의 소용돌이 장식을 강조했으며, 조각과 출입구 신전 파사드의 박공 안에 새겨진 장식새김 등 전체적으로 장식이 대폭 늘었다. 측면부의 벽체에는 팔라초 모티브를 사용했으며, 부속건물에는 로마의 개선아치, 팔라디오 기둥, 알베르티의 성 안드레아 파사드 등을 절충하여 사용했다.

영국 최대 규모의 국립박물관인 대영박물관 전시품을 모두 둘러보기 위해서는 일주일이 걸린다고 하는데, 이러한 전시품 중 상당수는 대영 제국 시대에 식민지에서 약탈한 문화재로서, 해당국으로부터 반환 요구를 받는 문화재도 상당수에 달한다고 한다.

링컨스 인 필즈(1812~1813)

링컨스 인 필즈는 낭만적 경향을 보이는 영국의 신고전주의 최고의 걸작으로 19세기 영국을 대표하는 존 손(John Soane, 1753~1837)의 작품이다. 4회에 걸쳐서 구매한 부지에 총 네 채의 집을 묶은 복합건물로서 갤러리, 손 하우스, 미술실, 수도사실로 각각 이루어졌다. 각 집은 서로 층이 어긋나며 상호 관입하는 공간을 만들어냈다. 수직 방향으로 픽처레스크 구성을 만들어내는 손만의 독특한 공간 구성이 완성되었다. 고전 어휘, 골동품, 빛의 세 매개를 사용했다. 엇갈린

공간 골격에 콜로네이드, 아치, 볼트, 돔, 다양한 오더 양식 등 고전 부재들이 더해지면서 실내는 고전 어휘의 파노라마를 이루었다. 부재들 사이에는 더는 선험적 위치 관계나 위계가 존재하지 않았다. 이런 공간에 골동품이 더해졌다. 존 손은 당대에 유명한 골동품 수집가로, 골동품은 그의 건축을 이루는 중요한 요소였다. 단순한 유물이 아니라 건축적으로 의미와 기능을 갖는 요소였다. 실내 전체에 유적 파편이 꽉 차면서 골동품은 그 자체가 역사 양식의 역할을 했는데, 배열 방식에서 역사 양식 사이에 차별과 구별을 없애면서 실내의 픽처레스크 분위기를 도왔다. 이렇게 만들어진 복합 공간 사이를 빛이 흘러 다니면서 중세적 빛 개념을 낭만주의 미학으로 재해석해낸 장면을 연출했다. 명암 대비가 중요한 매개였는데, 매우 분산적이어서 중세다운 신비주의 분위기를 만들어냈다. 서로 마주치는 네 개의 건물들 사이에서 각 층이 어긋나면서 공간의 골격 자체가 흐트러졌다. 공간의 크기는 분수의 조각 단위로 잘게 나뉘었다. 광원도 분산적으로 되었다. 햇빛의 상태도 가변적이었다. 런던은 하루 중에도 흐린 날씨와 맑은 날씨가 수시로 바뀌었으며, 일 년을 단위로 하면 극단적 가변성을 특징으로 가졌다.

분산적 건물 골격에 가변적 햇빛이 작용하면서 실내에서의 빛 작용은 한시도 고정되지 않은 부유하는 분위기로 나타났다.

존 손은 타고난 천재성을 바탕으로 창조력 넘치는 작품을 남겼는데, 이 때문에 고전주의 규범을 반복하는 대륙 고전주의는 차별화된 급진적 고전주의 이상의 자유로운 규범 분해 경향을 추구했다. 손은 영국적 신고전주의의 기초를 닦은 체임버스와 댄스 2세에게서 큰 영향을 받았으며, 이것을 바탕으로 자신만의 창작적 작품성을 더해 손 스타일을 창출했다.

■ 독일 역사주의

독일 신고전주의의 성립은 프랑스와 영국에 비해 늦은 편이었다. 프랑스와 영국의 신고전주의가 18세기에 전성기를 누린 뒤 19세기는 역사주의로 넘어갔지만, 독일은 19세기가 되어서야 신고전주의를 갖게 되었다. 독일 신고전주의의 문을 연 것은 프리드리히 길리(Friedrich Gilly, 1772~1800)였다. 그는 프리드리히 대제 기념비 설계 경기에 제출한 계획안(1797)에서 고전주의를 독일의 전통적인 낭만 정서로 해석한 독일식 고전주의의 완성된 유형을 선보였다. 그리스 신전 원형을 통째로 도입한 점, 이것을 야트막한 언덕 위에 사회 중심체 개념으로 정의한 점, 주변에 열주랑, 개선 아치, 승전 기둥 등과 같은 여러 고전주의 유형이 어울려 작은 마을을 이룬 점 등이 구체적 내용이었다.

카를 프리드리히 싱켈(Karl Friedrich Schinkel, 1781~1841)은 길리를 이어받아 독일 신고전주의를 완성한 주역이었다. 다양한 역사 선례를 창조적으로 재해석해냈으며, 당시 독일이 처한 정치적·사회적 상황의 이상적 전개방향을 건축을 통해 제시한 점에서 그랬다. 길리의 계획안을 보고 감명을 받아 건축가가 되기로 결심하고, 길리가 제시한 주제인 독일다운 신고전주의 창출에 평생을 전념하게 된다. 싱켈의 대표작인 베를린 구 박물관(1824~30)은 18개의 이오니아식 오더가

베를린 구 박물관, 싱켈, 1824~1830

늘어선 열주가 압권이다. 삼각 박공을 두지 않아서 엔타블레이추어가 강한 수평선을 만드는데, 이는 땅을 향한 원시성을 강조한 것이다. 땅과 원시성은 곧 낭만성을 의미한다. 프랑스 신고전주의에서 그리스 열주를 구조적 효율이나 가로를 향한 스크린 개념으로 정의한 것과 다른 점인 동시에 독일 신고전주의 정체성을 결정하는 대목이다.

기능 유형으로 보면 신전 파사드보다 스토아로 해석한 것에 가까운데, 이는 박물관에 스토아가 갖는 공공성을 대응시키려는 의도로 볼 수 있다. 같은 그리스 고전주의 내에서 기능 유형에 따라 세분한 점과 스토아의 공공성을 사용한 점 등도 프랑스 신고전주의에 없던 참신한 아이디어였다. 박물관이 갖는 공공성에 개방성을 실어냄으로써 독일 사회를 통합하려는 노력을 상징적으로 표현하는 처리이다.

■ 신건축

19세기 중반 이후 산업혁명으로 인한 다양한 사회적 변화에 대응하고, 새로운 재료와 기술을 수용하여 새로운 건축을 모색하는 흐름이 나타난다. 이러한 흐름

주철트러스 지붕구조, 파리 국립도서관

은 산업혁명으로 태동한 철물과 철근 콘크리트, 유리 같은 근대적 신재료로 전개되었는데, 주철, 단철에 의한 건물 구조가 세워지고, 철골과 유리천장 등의 선형 부재는 내부에 자연채광을 확보할 수 있는 천장 구조물로 사용되었다. 이 새로운 건축을 가장 활발히 발전시킨 나라는 18세기 이후 치열한 국가 간 경쟁구도를 형성한 영국과 프랑스였다.

철물로 지어진 건축물이 점차 늘어나면서 기차역, 만국박람회 전시관, 백화점, 아케이드, 공공도서관 등 공공 성격을 지닌 고급 건물이 지어지기 시작했다. 철물을 사용한 장 스팬, 가는 기둥, 밝은 실내와 같은 특징은 이러한 새로운 유형의 건축에 잘 맞았다. 철물을 이용한 기둥과 골조를 세우고, 그 위에 유리를 덮는 방식으로 이전에 보지 못했던 밝고 환한 개방감이 충만한 공간으로 등장하기 시작한다.

앙리 라브루스트(1801~1875)는 전통적 재료인 석재를 바탕으로 철을 건축구조체로 이용하여 근대건축 발생 단계에서 철을 이용한 선구적 건축 사례를 남겼다. 대표작인 파리 국립도서관(1854~1875)에서 지붕을(돔) 받치는 기둥을 최대한 얇은 형태의 주철로 처리하여 최대한 개방적인 공간을 형성하였고, 비잔틴 건축의 돔구조가 연상되는 지붕구조는 철구조의 트러스 아치가 받치고 석재 셸로 원형 천정을 만들어 고전 재료와 신재료를 적절히 사용하였다. 철을 사용한 얇은 기둥은 공간에 개방감을 부여하여 돔 천장의 구멍에서 들어오는 빛을 책상 위로 골고루 퍼지게 하여 도서관의 주요 기능인 채광을 해결하였다.

수정궁(런던 만국박람회, Joseph Paxton, 1851): 산업혁명 이후 근대적 신제품을 소개하는 만국박람회는 전성기를 맞이했다. 특히 1851년 런던 만국박람회에는 수정궁(Crystal Palace)이라 불리는 신건축의 무한한 가능성을 보여 준 주 전시관 건물이 주인공이었다. 산업혁명으로 더욱 발전한 건축기술을 총 집대성해서 건물 전체를 유리로 계획한 당시로써는 획기적인 건물이었다. 짧은 시간 내에 거대한 건물을 완성하기 위해 대량생산체제를 적용한 모듈화를 도입했다. 7.2m 모듈을 반복해서 564×124m 규모의 평면을 계획하고, 1.2m 유리패널을 기본 단위로 사용했다. 이 거대한 전시관을 완공하기 위해 주어진 시간은 석 달에 불과했고, 15만 개의 표준 부품을 현장에서 조립하는 방식으로 해결했다. 끝없이 펼쳐진 장스판, 빛으로 가득 찬 내부 공간, 부재의 표준화로 인한 공사기간의 획기적인 단축 등은 미래에 펼쳐질 건축관을 확실히 보여 주었다.

에펠탑 & 파리 만국박람회(1889)

런던과 치열한 제국경쟁을 벌이던 파리는 런던 만국박람회에서 보여 준 수정궁에 자극을 받아, 수정궁을 높이로 능가하는 에펠탑을 1889년 만국박람회에서

공개한다. 구스타프 에펠은 교량에 적용했던 아치형 장 스팬을 에펠탑에 적용하여 최대한 높은 탑을 계획하려 했다. 부재를 소형화하여 고층높이(310m)에도 풍압을 견딜 수 있고, 총 중량을 획기적으로 줄였다. 에펠탑과 더불어 철을 이용한 새로운 구조체계를 보여 준 건물은 만국박람회 기계관이었다.

넓은 내부공간을 확보하기 위해 내력기둥 간격을 무려 115m로 확장했다. 거더 피어를 양쪽에서 사선으로 올려 아치 형태로 기본 골격을 형성하고 종횡 양방향의 115m 스팬은 트러스가 기계관은 철이라는 새로운 시대의 재료와 신기술을 사용하여 미래의 구조기술과 가능성을 역동성 있게 표현했다.

X 근대 도시의 탄생

■ 파리 vs 런던 도시이야기

19세기 초 세계를 주도한 강대국 프랑스와 영국의 수도는 인류사에서 가장 큰 영향을 미친 도시이며, 오늘날에도 유럽의 중심지로서 핵심적인 역할을 하고 있다.

의회민주주의의 탄생지인 런던은 프랑스대혁명이 발생하기 140년 전인 1649년 당시 왕이었던 찰스 1세가 참수형에 처해지는 사건이 발생하며 왕은 최고 권력자의 위치에서 물러나게 된다.

상원과 하원으로 구성된 영국의회의 권력과 역할은 확고히 자리 잡기 시작했고, 바다 건너 프랑스에서 루이 14세가 절대왕정으로 지상최고의 권력을 자랑하고 있을 당시 영국에서는 평민과 귀족 대표로 구성된 의회가 왕의 세력을 능가하는 정치 구성원으로 확실히 자리 잡기 시작했다. 왕실과 의회의 견제구도는 도시구조에서도 살펴볼 수 있다. 왕의 거주지는 런던 서쪽 웨스트민스터 지구에 속해 있고, 일반 시민의 거주지는 동쪽 '시티' 지구로 분리되기 시작한다. 런던의 상징인 빅벤이 있는 현재 의회 건물은 원래 왕이 살던 웨스트민스터 궁전이었으나, 현재 의원들이 사용하는 건물로 변경되었다. 과거에는 왕이 의원들을 웨스트민스터 궁전으로 소집하여 의회를 열었으나, 이후에는 의원들이 정기적인 의회를 개최할 때 왕이 찾아와야 하는 상황으로 바뀌었다.

18세기 신분제를 무너뜨리고 인간은 법적으로 모두 평등하다는 원칙을 마련한 시민혁명이 일어난 파리는 오늘날 예술의 수도로 불린다. 프랑수아 1세, 루이 14

세를 거치면서 귀족/왕중심의 화려한 예술문화가 시작되었으며, 프랑스대혁명을 거치며 19세기에는 인상파 화가들의 거점이 되며 전 세계의 예술가들이 모여드는 장소가 되었다.

하지만 19세기 초반 콜레라가 유행이던 파리는 지금과는 전혀 다른 모습이었다. 파리의 중심지인 루브르 성과 시테 섬을 중심으로 구불구불한 골목길이 끝없이 이어진 전형적인 중세 도시의 모습을 갖추고 있었다. 길 양쪽으로 건물들이 겹겹이 위치해 있는데다 폭이 좁은 골목길은 건물 내부의 채광에 상당히 불리한 조건을 만들어 내고 있었다. 도로의 포장 상태도 대부분의 지역이 흙바닥이어서 맑은 날엔 늘 먼지가 자욱했고, 비오는 날엔 진창이 되었다. 상하수도시설도 제대로 갖추어지지 않아 주거지에서는 오물을 창밖으로 던져버리기 일쑤였고, 이로 인해 길을 걷다가 오물을 뒤집어쓰는 봉변을 당하는 일이 다반사였다.

도시 전체에 배어있는 고약한 악취로 인해 파리의 방문객들은 코를 쥐어 잡기 일쑤였고, 길가의 질펀한 오물을 피하기 위해 통통 뛰어다니는 걸음걸이는 호사가들에 의해 '프랑스식 워킹 스타일'로 불려졌다.

파트리크 쥐스킨트의 소설 '향수'의 배경이 프랑스였던 것은 우연이 아니었다. 수많은 악취가 뒤엉킨 거리에서 태어난 소설의 주인공이 파리를 떠난 것은 당연한 일이었다.

18세기 문화 수도라는 파리는 왜 이렇게 더러웠던 것일까? 근본적으로는 파리가 무분별한 '분양'으로 확장된 '난개발'의 도시였기 때문이다. 중세 이후 파리시는 개발에 필요한 재정을 충당하기 위해 사유지를 민간에 분양했다. 고전적인 카페거리인 마레, 센강 주변의 산책하기 좋은 공원이 있는 생루이 섬, 관광객들이 자주 찾는 오페라 지구 등은 이러한 개발로 탄생한 지역이다. 시의 엄격한 규제를 받지 않고, 건물주 멋대로 건축을 하다 보니 중세의 구불구불한 도로와 비위생적인 도시환경이 18세기까지 파리를 지배했다.

특히 19세기 들어서 도시의 산업화로 인해 수많은 인구가 파리로 몰려들자 파리는 이를 수용하지 못해 빈민촌이 늘어났다. 당시 파리의 인구는 100만 명을 헤아렸으나 자가소유 인구는 고작 6분의 1도 되지 않았다.

▪ 오스만 시장의 파리 개혁

나폴레옹이 몰락한 이후 왕위에 오른 나폴레옹 3세는 중세도시 구조체계를 갖춘 파리의 좁고 구구불한 도로와 열악한 위생시설을 개선하고자, 당시 파리시장인 오스만과 전면적인 도시계획을 계획한다. 도시의 주요 광장, 기념물, 역사를 중심으로 직선도로를 확충하고, 새로운 도로 주변에는 중산층을 위한 아파트를 계획한다. 이 새로운 주거시설에는 공원, 가로수, 공공벤치, 가로등, 상점, 오페라하우스 등 시민들이 도심에서 편리한 삶을 살기 위한 공공시설이 갖춰지며, 파리는 도심에 주거지가 혼합된 아름다운 도시로 재탄생하게 된다.

오늘날 파리의 모습 대부분은 1850~60년대 도시 정비의 결과이며, 이를 주도한 파리시장 '오스만'의 파리정비계획은 이후 세계 여러 도시 근대화계획에 큰

18세기 파리: 좁은 골목과 채광에 불리한 주거건물

영향을 끼쳤다.

당시 오스만이 지휘한 파리 시청 지도과에서 만든 500분의 1 축소 지도에는 지역건물의 소유자와 건물의 구조, 세입자의 수와 이름, 자잘한 골목길의 위치 등이 총망라되어 있다. 이 지도를 중심으로 어디에 길을 내고 새 건물을 지을 것인지, 도로 공사와 병행되는 상하수도의 방향과 위치는 어떻게 할 것인지 등 기술적이고 행정적인 문제를 결정하였다.

도심 재개발로 난개발 지역을 반듯하게 구획하고 이에 필요한 새로운 도로를 건설하는 과정에서 토지 보상문제가 항상 대두되었다. 도로를 신설하는 과정에서 인접해 있는 많은 건물들을 철거해야 했고, 해당 건물과 대지를 시에서 매수해야 했는데, 토지 소유자와 건물주와의 보상논쟁이 끊이지 않았다.

당시 파리 시는 장기간에 걸쳐 협상을 통해 해결하고자 했는데, 이로 인해 수백 미터 길이의 길 하나를 뚫기 위해 보통 몇 년씩 걸리기 일쑤였다. 일단 보상절차가 마무리되면 도로 및 상하수도 기반시설 공사는 2~3년도 걸리지 않았는데, 당시 파리 도처에 무작정 상경한 값싼 노동력이 남아돈 덕분에 밤낮을 가리지 않고 공사를 강행할 수 있었기 때문이었다.

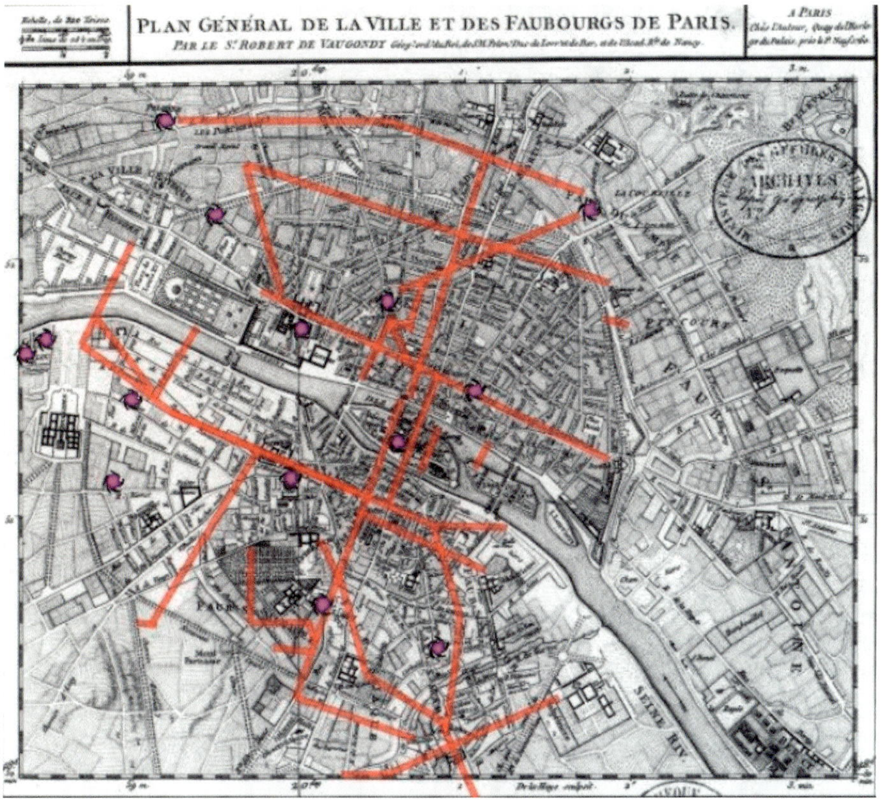

19세기 파리 지도 & 대로 신설계획

오스만 시장은 도시의 아름다움은 인공적인 질서에서 나온다는 것을 본능적으로 알고 있는 인물이었다. 그가 개혁한 파리는 근대 도시의 전형이라 할 수 있는 곧게 뻗은 도로 사이에 규칙적으로 줄지어 늘어선 건물의 모습을 하고 있었다. 오스만은 새로운 건축규제법을 통해 무질서한 모습의 파리풍경을 '오스만 스타일'이라는 새로운 질서를 갖춘 도시의 모습으로 변모시켰다. 신축 건물의 높이는 건축규제법에 의거해 도로의 폭에 따라 정해졌다.

폭이 7.8미터, 9.74미터인 골목길을 사이에 둔 건물의 경우 최고 높이는 각각 11.7미터, 14.6미터였다. 폭이 10미터가 넘는 도로에는 최고 17.55미터 높이의 건물을 세울 수 있었다. 파리 시내가 고층건물로부터 자유로울 수 있었던 이유는 오스만의 법령 때문이었다.

파리 중심부에 들어선 건물들은 높이 외에도 더욱 까다로운 규제를 받았다. 오페라 대로의 경우 모든 건물의 1층 벽면은 유빌 지방에서 가져온 돌을 붙여야 했고, 2층부터는 샤토-가이야르 지방의 돌로 외벽을 마감해야 했다. 지붕은 회색 아연판이나 슬레이트로 덮었고 옅은 파스텔톤의 건물 외벽은 도시에 세련미를 더했고, 18세기 이전 건물에서는 느낄 수 없는 새로운 정서를 도시에 불어넣었다.

오늘날 오스만이 계획한 파리 구조 변화는 크게 4가지로 구분할 수 있다.

1) 도시 소통망 확대: 대로를 신설해 도시의 구도심과 새로운 외곽지역을, 센강의 오른쪽과 왼쪽을, 도시의 남북과 동서를 체계적으로 연결했다. 대로나 기존 도로의 확대 정비는 동서축과 남북축이 만나는 지점에서 이루어졌으며, 서쪽의 개선문에는 방사형 도로 12개를 연결했다.
2) 상하수도시설과 녹지공간 확대: 상수도는 750km에서 1,550km로 확대되었고, 하수도는 1854년 160km에서 1870년 약 540km로 늘었다. 맑은 공기를 제공할 녹지공간은 동쪽과 서쪽 끝에 불로뉴 숲과 뱅센 숲이 정비되었고, 도심 곳곳에도 많은 공원이 조성되었다.
3) 공공건물의 건설과 확충: 기차역, 병원, 재판소, 호텔, 극장, 학교, 마켓, 센강의 다리 등이 건립되고 증축되었다.
4) 1860년 1월 1일 도시주변 소읍 18곳을 파리에 편입시켜 오늘날의 파리 영역을 형성한다. 이로 인해 오늘날의 20구로 확대 되었다.

파리의 대대적인 도시정비는 열악한 위생환경으로 인한 잦은 전염병과 도시 폭동을 예방하기 위한 것으로도 알려져 있는데, 바리케이드를 쉽게 만들지 못하고 군대의 진입을 원활히 할 목적으로 대로 건설과 교통망 정비 그리고 위생시설 확충을 최우선으로 하였다. 재개발로 인한 도심 부동산의 대대적인 수용은 부동산 투기를 부추겼고, 새로운 인프라시설이 확충된 지역 주변의 수용되지 않은 토지가격도 대폭 상승했다. 이러한 문제는 계급 계층에 따른 도시공간의 사회적 분화를 심화시켰다는 비평가들의 지적도 심화시켰다. 상하수도설비는 일부 지역에 과잉 집중되었고, 재개발 후 비싼 임대료를 감당하지 못한 노동자들은 도심

외곽으로 내몰려갔다. 도시개혁으로 인해 도심핵심 지역에 건설된 대로변을 따라 급속히 늘어난 파리 시민을 위한 새로운 주거형태인 아파트가 등장한다.

19세기 재개발 전 모습

재개발 후 현재 모습

18세기 이후 도시(파리)로 몰려드는 인구로 인해 좁은 면적에 거주지가 밀집되자 가난한 시민의 삶을 더욱 열악하게 만들었다. 파리 도심의 좁은 거리와 기존 공동주택 건물 내에 여러 계층—부르주아, 수공업 장인, 노동자가 거주하였는데, 비위생적 환경과 건물 사이의 좁은 간격으로 인한 채광부족 등 주거만족도는 상당히 낮은 편이었다. 오스만 시장은 새로 신설한 대로 주변에 이전의 비좁고 미로 같은 골목에 접해있던 공동주택과는 달리 넓은 실내공간을 갖추고 대로변 가로수길을 따라 호화로운 입면과 외부 전망을 제공하는 아파트를 속속 건설한다.

19세기 도심의 세련된 다층건물로 진화한 파리의 아파트는 당시 떠오르던 신흥 중산층 계급이었던 부르주아에게 인기를 끌면서 파리를 상징하는 새로운 이미지로 자리 잡기 시작한다.

중산층은 아파트가 자신들의 신분을 상징하는 상징성을 갖춘 상품으로 인식하게 되는데, 전통적인 공동주택 이미지와는 다른 귀족들의 전통 주택이었던 "오텔"의 평면을 모델로 삼아 넓고 쾌적한 공간을 제공했고, 새로운 시대의 기술을 반영하여 엘리베이터를 설치하였다. 이로 인해 8층 규모의 층수가 가능해졌다. 아파트의 외관은 당시 프랑스 국가적 건축 양식이었던 네오바로크를 차용하여

화려한 외관으로 꾸며졌다. 19세기 파리의 아파트는 도시개혁으로 인해 새로 건설된 방사선 도로와 어우러져 상품성 높은 주택으로 여겨져 중산층을 대상으로 부동산 투자의 대상으로 자리 잡기 시작한다.

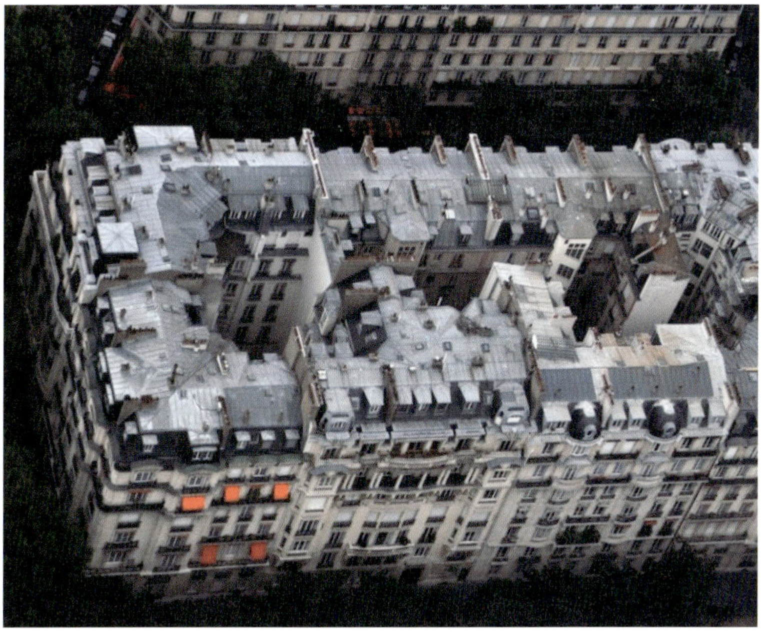

■ 파리의 공공 디자인

오스만 시장은 시청 내에 '도시 환경미화과'에 해당하는 '주행과 가로수 정비 서비스 부서'를 신설해서, 새로 정비된 건물과 건축물 사이를 편안하게 산책할 수 있도록 만드는 데 필요한 가로등, 분수, 벤치 등의 환경시설물을 적극적으로 정비하기 시작했다.

공공 디자인에 대한 인식이 전무했던 당시로서는 가히 획기적인 발상이라 할 수 있었다.

1858년에 탄생했다고 해서 지금도 '58가로등'이라 불리는 파리의 명물 가로등을 디자인한 것도 이 무렵이었다. 지역에 따라 모양과 장식이 약간 다르지만 가로등의 기본 모양은 거의 같다. 사각이거나 동그란 받침대 위로 그리스 신전을 본뜬 날씬한 기둥이 뻗어 올라가고, 기둥 끝에는 유리판이 붙은 등이 달려있다. 당시에는 모두 가스등이었는데 지하에 매설된 관으로 부쳐 가스가 공급되었지만, 직접 등불을 켜고 끄는 일은 사람의 몫이었다. 이 때문에 19세기 가로등의 높이는 270cm를 넘지 않았다. 아침저녁으로 가스등에 불을 붙이고 끄는 인부들을 보면서 시간을 가늠할만큼 가로등은 빠르게 도시적인 일상의 풍경으로 자리 잡았다.

오스만은 1856년에 가로등 관리업체를 통합해 20~25m 간격으로 가로등을 세우고 관리하는 일을 맡겼는데, 1870년에는 파리 가로등 수가 2만 개를 넘었다.

150년이 지난 지금도 파리의 가로등은 원형에서 크게 바뀌지 않았다. 최초의 가로등은 모두 교체되었지만 고풍스러운 모습은 여전하다. 도시 어느 곳에나 설치된 가로등 덕분에 19세기 사람들은 밤에 도시를 산책하는 즐거움을 맛볼 수 있었다. 가로등 불빛 아래 연인을 만나거나 헤어지는 등 도시의 서정이 이렇게 탄생했다. '주행과 가로수 정비 서비스 부서'는 도시의 가로수 관리 업무도 관장했다. 제멋대로 자란 나무들이 자연스레 숲을 이루는 시골과 달리, 한 가지 수종의 나무를 골라 도시 도로변으로 옮겨 일정한 간격으로 심어 인공적으로 만들어진 가로수는 결코 쉬운 작업이 아니었다. 당시 나무라곤 찾아볼 수 없었던 파리 전역에 가로수를 심기 위해 매우 독특한 가로수 조성법을 시에서 고안했다. 도로를 새로 만들 때 가스관과 상하수도관을 같이 설치해서 가로수에 자동으로 물이 공급되도록 했다. 가로수를 심기 전에는 1미터 가량 구덩이를 판 뒤, 숲에서 이식해온 나무를 심고 구멍을 메웠다. 가로수 밑동에는 코르셋처럼 철제 보호구를 둘러 설

치했는데, 지금도 이 보호구에 자전거를 묶어두는 파리 시민들을 종종 볼 수 있다.

새로 조성된 파리의 가로수들은 대부분 마로니에와 플라타너스였다. 파리의 기후에 적합한 수종이기도 하지만 오스만 시장의 개인 취향이 적극적으로 반영된 결과라는 후문이다.

1873년까지 파리 전역에는 10만 그루의 가로수가 심어져 인공과 자연이 어우러지는 파리 풍경을 조성하는 데 큰 역할을 했다.

가로등과 가로수가 파리 시민에게 산책의 즐거움을 부여했다면, 분수대는 지역 랜드마크로서 부족했던 물을 공급하는 역할도 담당했다. 상하수도시설이 정비되었다고는 해도 파리 시민들은 19세기 초까지 물장수에게 물을 공급받았고, 가정에 직수가 공급되기 시작한 것은 1세기가 지난 20세기 초반이었다. 당시 파리 시민들이 하루에 소비하는 물은 일인당 평균 4리터 정도로, 오늘날의 150리터에 훨씬 못 미친다. 양질의 물을 풍부하게 사용하기 힘든 상황이었고, 물이 술보다 비싸 알코올 소비량이 훨씬 많을 정도였다. 시민들에게 분수는 더운 여름 열기를 식혀줄 물을 공짜로 공급받을 수 있는 공공우물 역할로 받아들여졌다. 파리 개발과 동시에 진행된 상하수도공사는 지역 핵심 지역에 분수를 새로 설치했고, 시민들은 동네의 중심지에 설치된 분수대를 주요 만남의 장소로 이용했다. 분수 주변에는 휴식을 위한 벤치도 조성되었다.

19세기 후반 파리 시민들은 처음으로 폭이 20미터가 넘는 포장된 도로에 합승마차들이 줄지어 달리는 광경을 최초로 보게 된다.

도로를 따라 줄지어 서 있는 가로수와 가로등, 그 사이사이에 조성된 벤치와 분수대는 사람들에게 도시를 자유롭게 산책하는 즐거움을 선사했다. 그저 거리를 걷는 것만으로도 흥미로웠다. 모든 것이 조화를 이룬 멋진 풍경과 사방에 널린 가게는 풍성한 볼거리를 선사했고, 그렇게 근대 도시는 사람들의 삶을 바꿔놓았다. 시민들은 거리에 설치된 시계를 보며 시간에 맞춰 약속을 잡고, 합승마차 정거장에 줄을 서서 마차를 탔다.

퇴근길에는 신문 가게에서 신문과 잡지를 사고, 친구와 만날 때는 분수대 앞에

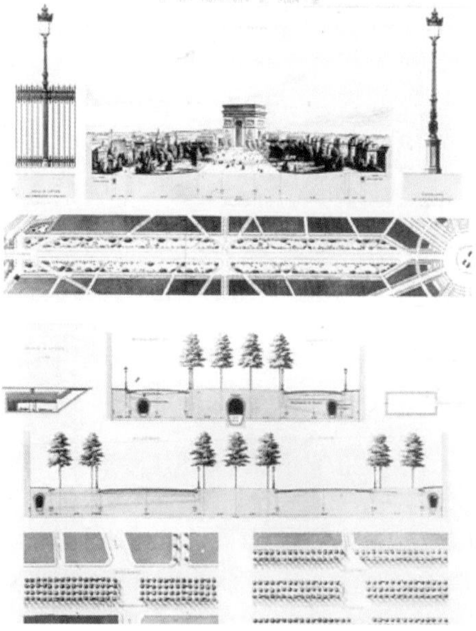

19세기 파리 가로 디자인

서 약속을 잡고 환한 가로등이 켜진 밤거리를 거닐었다. 건물들이 밀집한 거리의 상가를 거닐며 눈요기를 하고, 광장의 벤치에서 휴식을 취했다. 그리고 이 모든 것을 가능하게 한 과학과 기술의 발전에 찬사를 보냈다. 근대는 이렇게 오늘과 내일은 다를 것이라는 희망, 과학과 기술이 삶을 보다 편리하고 윤택하게 만들 것이라는 낙관 그리고 이 모든 것을 이루어낸 지성에 대한 찬사로 시작되었다.

처음 근대 도시에 살게 된 파리 시민들의 일상은 오늘날의 삶과 크게 다를 바가 없었다. 우리가 살아가고 있는 21세기 도시의 삶은 바로 이 근대에 건설된 새로운 도시에서 출발한 것이다. 19세기 오스만 시대에 현대적 모습으로 변신한 도시는 근대의 삶을 알리는 나팔 소리였다.

■ 19세기 제국의 수도-런던

19세기 영국은 세계에서 가장 번영하는 국가로 성장했다. 영국은 1850년경 유일한 산업국가로서 세계의 공장이자 은행이었으며, 그 힘에 의지해서 세계 최대의 제국을 건설했다. 번영과 자유를 누렸던 영국인들은 19세기 들어 끊임없는 진보를 확신했다. 19세기 중엽 런던은 뉴욕과 파리를 합친 크기였고, 세기말에도 다른 도시들에 비해 절대적인 우위는 변함이 없었다. 당시 영국인들은 런던을 세계의 중심이라고 생각했다. 문화적으로 런던의 우월성을 확인하려는 노력을 기울였는데, 도심에 빅토리아풍의 대형 석조건물을 새로 건설하고 이를 문화시설로 조성하기 시작했다.

이들 건축물은 대영박물관, 로얄앨버트홀, V&A 박물관, 자연사박물관, 내셔널 갤러리 등 고급 문화의 공연 또는 전시를 위한 대형 공간이었다. 귀족들의 사유지도 공원이나 광장 형태로 개발해 일반에게 공개했다. 블룸스베리 광장, 레스터 광장, 캔싱턴 파크 등이 이 시기에 조성되었다.

동시에 19세기 영국은 많은 문제점을 안고 있던 사회였다. 프랑스처럼 과격한 혁명을 경험하지는 않았지만, 세계 최초의 산업사회로의 이행은 고통을 수반할 수밖에 없었다. 기계가 쏟아내는 엄청난 부의 분배를 둘러싼 노사 간의 갈등 및 가부장적 수직사회가 수평적 계급사회로 바뀌면서 겪는 혼란 등은 노동계급의 투쟁을 유발했다. 혁명이 아니라 선거에 의해서 정부가 바뀌는 관행이 확립되었지만, 정치 참여는 재산과 계급에 의해 제한되었고, 의회와 내각, 지방정부는 여전히 귀족과 대지주의 영향력에 벗어나지 못하고 있었다. 19세기 들어서 이러한 모순점들을 개선하려는 노력을 추진했다. 빅토리아 시대는 개혁의 시대이기도 했다.

산업화도시 런던

1851년 '만국박람회' 안내책자는 첫머리에서 런던을 이렇게 소개한다. "런던은 세계의 도시들 가운데 인구가 가장 많을 뿐 아니라 가장 크고 부유하다." 이 말은 결코 과장된 표현이 아니었다.

19세기 들어서 런던의 인구는 급격히 팽창해 1850년 210만 명으로 파리의 두 배에 달했고, 1901년에는 650만 명에 이르렀다. 런던의 인구가 급격히 팽창한 것은 산업혁명으로 인한 거대한 사회적, 정치적, 경제적 변화에 기인한 것이었다. 사실 17세기 초까지만 하더라도 런던은 유럽의 중요 도시들 가운데 하나일 뿐이었다. 1660년 발생한 '대역병'과 '런던 대화재'는 런던의 성장에 치명적인 타격을 입히기도 했다. 그 때문에 18세기 초에도 런던의 인구는 50만 명 선에 머물렀는데, 18세기 후반부터 인구가 급속히 늘어나기 시작하면서 19세기에 이르러서는 세계에서 가장 많은 인구가 사는 도시로 성장했다.

급속한 인구유입은 도시의 지역 구성에 커다란 변화를 가져왔다.

18세기까지의 런던은 전통적인 '도보 도시', 즉 좁은 도심과 빈민층이 거주하는 교외의 이분법적 모습을 보이고 있었다. 산업혁명의 중심지였던 런던은 공장, 상가, 오피스 빌딩들이 도심을 점령하면서 도심의 주거 지역은 열악한 상황에 처하게 되었다. 특히 런던 동부 지역은 도시노동자들이 집단적으로 거주하기 시작하며 빈민가로 변모하기 시작했다. 전통적인 도시에서 상인과 부유층은 도심에서 살았고, 빈민은 도시 외곽에 머물렀다. 런던은 18세기 말부터 이 구조에 변화가 일어났다. 빅토리아 시대에 런던 도심과 웨스트앤드 지역에 대형 석조 건물과 대형 전시 공간이 잇달아 세워졌는데, 이 공사장을 따라 건축 노동자들이 떼를 지어 런던 도심에 몰려들었다. 공사장 인부들은 시티 인근의 싸구려 숙박시설에 머물기 시작했으며, 대형 건물의 공사 기간이 길어지면서 공사 인부들도 급증했다. 또한 런던항의 부두 증설과 더불어 하역 작업에 종사하는 부두노동자 수도 급증했으며, 이들은 대부분 이스트앤드에 주거지를 마련했다.

19세기 런던은 영국의 경제력 확대와 더불어 부유해져 가는 도시였지만, 동시에 수백만의 인구가 밀집 지역에 살며 비위생적인 슬럼가를 이루는 모습이 대조를 이루는 '고졸한'(archetypal) 근대 도시였다. 이는 영국이 너무 일찍 자본주의와 상업화의 길에 들어선 결과라고 할 수 있다.

많은 공장에서 생산되는 이산화탄소와 원자재를 나르기 위해 템스강을 쉴새 없이 드나드는 선박에서 버려지는 각종 폐수로 인해, 시민들은 호흡기 질병에 노출되었고, 오염된 템스강은 도시의 위생을 열악하게 만들었다. 런던의 희뿌연 안개와 매연은 런던의 전산업적인 이미지를 가속화시켰고, 도시의 화려한 번영 뒤에는 빈곤, 범죄, 질병의 그림자가 드리워 있었다. 도심에 거주하던 중산층은 교외의 전원도시를 대안으로 여기게 되었고, 교외로 주거지를 옮기게 된다.

19세기 런던: 산업혁명으로 인한 환경오염

■ 교외 주거지

런던을 처음 방문하는 사람들은 이 도시의 모습이 다른 나라의 거대 도시에 비해 초라하다는 — 모뉴멘탈한 광장, 폭이 넓은 대로 위주의 도시개발이 아닌 중세 시대의 자연발생적인 도시 구조로 인해 — 느낌을 받는다. 런던의 구 런던 시이자 금융의 중심지인 '시티' 웨스트민스터 시를 중심으로 번화한 거리와 빅토리아풍의 부유한 석조 건물이 늘어서 있지만, 런던의 일상적이고 대표적인 주거지는 도심을 벗어나 전원과 어우러진 풍경으로 자리 잡고 있다. 단독주택 형태의 주택단지들이 교외 숲과 공원을 경계로 이루어져 있는 것이다. 이 교외 주택단지는 18세기 후반 상인과 중간계급의 주도로 세워지기 시작했다. 도심에서 세계시장에 관한 정보를 모을 필요가 있었던 런던 상인들은 전통적으로 '시티'에서 경제 활동에 종사했다. 그들은 주로 해외무역과 금융업 분야에 종사했고 설탕, 차, 모피, 향료와 같은 상품을 취급했다. 18세기까지 상인들의 주거공간은 영업장과 분리되지 않았다. 자신의 집 아래층을 영업장으로 사용하고 이층에는 주거공간을 꾸렸다. 영업장에 필요한 노동력은 상인의 가족들과 도제들로 충원되었다.

18세기 런던의 술집과 커피하우스, 코벤트 가든의 극장, 기타 유원지들은 상인들과 귀족들의 사교 모임의 장소였고, 전산업시대 런던 부르주아지의 세계였다.

그런데 18세기 후반 들어 교외에 부르주아의 주택단지가 건설되기 시작했다. 주요 원인은 런던의 좁은 도심이 생태적 한계에 이르러 더 이상 인구 과밀을 감내할 수 없었던 이유에서였다. 특히 불량한 하수시설과 더러운 개천은 도심의 거주자들에게 매우 혐오스러운 환경이었다.

상인들, 즉 부루주아지의 탈도심화는 가정과 영업장의 분리라는 현상과도 일치하게 된다. 도시에서 가정과 일터가 분리되는 현상은 르네상스 시대에 이미 시작되어 초기에는 부유한 도시 거주자들 사이에 일어났고, 18세기 후반에 이르러서는 모든 도시민에 영향을 끼치게 된다. 가정과 일터가 분리되는 현상은 도시사회 구조의 변화에도 많은 영향을 끼쳤는데, 가정은 핵가족화되고, 도시는 가정중심의 사회로 변화되었다. 이는 도시 전반에 걸쳐 시민의식과 근린관계의 개념을 약화시키는 동시에 개인이 중심이 되는 도시사회가 도래하는 계기를 마련했다.

19세기 런던의 또 다른 변화는 철도의 출현이었다. 새로운 광역 도시철도망 덕분에 중산층과 부유층이 도심부로 통근할 수 있게 되면서, 런던 인근에 교외시가지가 개발되어 주택단지가 잇달아 건설되었다. 템스강 북쪽에는 햄스테드, 하이게이트, 혼지, 월섬 스토에서 남쪽에는 덜리치, 월워스, 캠버웰 등지에서 새로운 교외 주택단지가 조성되었다.

19세기 런던의 서부, 북부 그리고 남부 지역까지 교외주거지가 확대된 데는 철도의 역할이 컸다. 19세기 증기기관차는 근대 산업화의 새로운 표상이었다. 산업화 시대 수도의 팽창과정에서 철도의 역할은 매우 중요하다. 유럽의 여러 나라에서도 수도가 철도망의 중심축으로 자리 잡기 시작했고, 철도화가 산업화의 시발점 역할을 했다. 수도권을 중심으로 철도망이 방사선형으로 형성될수록 수도로의 인구 집중을 자극했다.

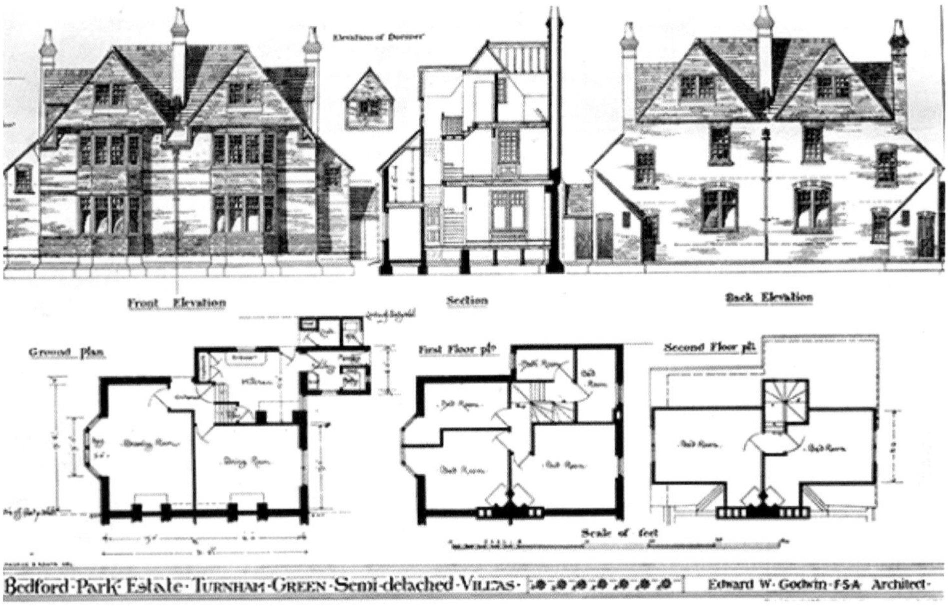

두 가구 이층집(semi–detached house)

새로 조성된 교외 지역에서는 도로를 따라 띠처럼 주택단지를 조성했는데, 일부 지역은 교회와 주점(pub house)과 같은 공적 공간으로 건축되었다. 주거의 형태는 단독 이층집(detached house) 외에 한 지붕 아래 두 가구가 붙어 있는 '두 가구 이층집'(semi-detached house)이 주류를 이루었다. 두 가구 이층집은 한 지붕 아래 두 가구가 병존하면서도 각 가구의 전면과 후면에 1~3에이커의 정원과 후원을 덧붙인 형태였다. 19세기 후반에는 주택 표준 규제 조항이 만들어졌고, 새로운 건축 기준과 위생 기준을 적용한 집들이 노동자계급에서 부유층까지 대량으로 공급되었다. '두 가구 이층집' 외에도 여러 가구가 연이어 붙어있는 '연립 이층집'(terraced house)이 건설되었는데, 이 유형도 가구별로 전후면에 정원을 덧붙이는 원칙이 그대로 적용되었다.

한편 구 런던 시 경계를 넘어 서쪽은 18세기 이후 새로운 번화가로 변모하였다. 옥스퍼드가, 리젠트가, 피카딜리 광장 주변은 부유층을 위한 상점과 극장이 세워졌고, 새로운 교외 주택 거주지도 서쪽으로 진행되면서, 패딩턴, 세인트 존스

우드, 켄징턴 같은 지역에 부유층이 몰려들기 시작했다. 이들 주택단지에는 단독 이층집이나 두 가구 이층집 뿐만 아니라 테라스를 갖춘 연립주택 방식의 타운하우스가 들어섰다.

특히 런던 외곽에 주택을 소유한 부유층은 도심에 '타운하우스' 같은 주거공간을 구현했는데, 이것은 중세의 주거타워에서 기원하지만 상점과 업무기능은 제외되었다. 19세기 들어서 부유한 중산층들이 주택을 통해 자신들의 개성과 멋을 강조하기 시작했는데, 주택의 앞모습에 바로크 궁전의 입면을 표현하여, 주택의 획일화된 모습에 변화를 주려했다. 타운하우스는 옆집과 측벽을 공유하는 연립주택 형식인데, 오늘날의 저층 고급 아파트를 의미한다. 타운하우스의 특징은 지하실을 포함해 몇 개의 층으로 구성된 다층주택을 한 가족이 전적으로 사용하는 수직 주거체계를 유지했다는 것이다. 바로크 양식의 화려한 궁전을 열망했던 그들은 호화 궁전이라는 인상을 줄 수 있도록 테라스에 타운하우스를 조합 설계했다. 3~4층으로 구성된 단위세대가 수평으로 적층돼 집합주택 형식을 갖춘 테라스하우스는, 단독주택을 선호하는 영국의 주거전통을 반영하여 개별 독립성을 부여하였다. 주택 뒤쪽에 개인마당을 배치하고 도로와 접한 전면 2층에는 돌출 테라스를 마련하여 내부 독립성이 침해당하지 않으면서 외부와의 소통이 가능하게 계획하였다. 다수의 시민은 자연을 누릴 수 있는 교외로 주거지를 이동하였지만, 주말에는 교외주택에 거주하고 주중에는 런던 도심에 머물고자 했던 귀족과 사업가를 중심으로 타운하우스 형태를 갖춘 테라스하우스가 점차 인기를 끌게 된다.

한편 런던 도심에는 건축 분야의 일용노동자들을 중심으로 주거지가 형성되었는데, 베스널 그린을 비롯한 부두 인근 지역은 '이스트 엔드'로 불리며 도시 빈곤을 상징하는 곳으로 자리 잡았다. 이 지역의 열악한 주거 상태는 웨스트엔드와는 너무나 뚜렷이 대비되었다.

런던으로 이주한 빈민들의 삶은 대체로 미숙련 노동시장에 진출하여 막노동판에서 일하거나 부두 하역, 시장 가판 또는 벽돌 쌓기와 같은 단순 노동에 종사하였다. 노동자들은 궁핍에 시달렸으며, 그 때문에 항시 범죄의 위협에 노출돼 있었다.

XI. 19세기 유토피아

■ 신세기 유토피아-만국박람회

1851년 런던에서 시작된 만국박람회는 급속도로 발전하는 산업기술과 각국에서 개발한 각종 신기술 및 신제품을 한자리에 모아 보여주는 국가적 이벤트였다.

만국박람회는 그 자체가 경이적이며 놀라움, 찬탄, 생경함, 혼란스러움 등으로 평가되었기 때문에 많은 구경꾼을 유혹하였다.

1851년 런던 만국박람회 개막식에서는 65만 명이 넘는 인파가 하이드파크로

1851년 런던 수정궁 박람회장 내부전시관

행하는 여왕의 행차에 열광하였고, 박람회장인 수정궁 안에는 14,000여 명의 관람객이 기다리고 있었다. 박람회는 초기부터 국가와 자본에 의해 연출되었으며, 박물관과 식물원, 동물원 등에서 발전한 결과물을 산업 테크놀로지를 기축으로 한 장대한 스펙터클 형식 속에 종합한 것이므로 비슷한 뿌리를 지니고 있었다. 박람회 참여 인원은 박람회 성공의 잣대 중 하나였으며, 특히 수익성을 중요시했던 20세기 미국 박람회에서 관람 인원과 총 수입 비율은 결정적이었다.

런던 박람회의 수정궁은 1851년 10월 11일 폐장할 때까지 약 600만 명이 박람회를 보려고 기꺼이 입장료를 지불했다. 이 거대한 행사는 상징적 사건이었으며 곧바로 다음 개최 박람회에 영향을 끼쳤다. 참여인원의 숫자는 다른 나라에서 박람회 열기를 부추기는 중요한 동력이 되었다.

첫 만국박람회 성공 이후 파리(1855, 1867, 1878, 1889년), 런던(1862년), 빈(1873년), 앤트워프(1885년), 바르셀로나(1888년) 등의 유럽과 뉴올리언스(1884년), 시카고(1893년) 등의 미국 그리고 시드니(1879년), 멜버른(1880년) 등 각 대륙을 돌며 부정기적으로 열리면서 19세기 최고의 화젯거리로 떠올랐다.

19세기 파리는 박람회를 개최하는데 있어 다른 어느 도시보다 훨씬 성공적이었다. 런던에서 개최한 두 번의 박람회(1851년, 1862년)에 다녀간 방문객은 대략 600만 명 정도였다. 1862년 런던 박람회의 관람객 숫자가 노력한만큼 늘지 않자, 1908년 화이트시티 박람회 이전까지 런던에서는 더 이상 박람회가 개최되지 않았다. 반면 파리 만국박람회를 찾는 방문객 수는 매번 증가했는데, 1855년 500만 명에서 1867년 1,100만 명, 1889년에는 3,200만 명으로 증가했고, 1900년에는 거의 5,100만 명에 달했다.

파리 만국박람회는 관람객의 숫자만 가지고 평가할 문제가 아니었다. 에드몽 드숌이 1889년 박람회 안내서에서 '프랑스의 진정한 상설 박람회장은 파리'라고 설명했듯이 파리라는 도시 자체가 '박람회의 도시'였기 때문이다. 이러한 호칭 안에는 쇼핑과 유흥오락, 그 밖의 대중문화를 모두 포괄하는 의미가 들어 있었다. 파리는 유럽과 미국 등지에서 몰려든 구경꾼의 도시가 되었으며, 박람회뿐 아니라 파리 시내 자체가 구경꾼의 대상이었다. 파리는 빈번하게 박람회를 개최하였고, 성공적인 박람회 개최는 파리의 인상을 바꾸게 되었다. 파리 전체가 전람회장이 되었는데 볼거리가 있는 장소라는 인상이 심어져 19세기 후반부터 '파리 누보'라는 호칭으로 불리기도 했다.

19세기 파리 박람회에서는 오락적 요소가 점차 강해졌고, 파리 시 전체가 방문객을 위한 구경거리를 마련했다. 방문객은 박람회 관람뿐 아리나 쇼핑과 오페라를 즐기고 카페에서 음료를 마시며, 대로에 모인 군중과 밝은 불빛을 음미하고, 새롭게 계획된 도시의 규모와 화려함에 한껏 빠졌다. 박람회 전시 방식도 원자료에 대한 문건과 정보제시보다도, 대중들로 하여금 상품과 서비스를 구매하고픈 욕구를 불러일으키는 전시로 전환되었다. 이윤 창출이 중요한 중심 가치를 차지하면서 다른 국가의 상품을 비교하거나 산업의 성장과정을 추적하기보다는 '즐거운 그 무엇'을 위해 박람회를 요구하는 시대로 서서히 변모해 가고 있었다.

런던의 다음 주자로서 1855년 파리 만국박람회는 상젤리제 거리에 위치한 전시관에서 개최되었는데, 당시 나폴레옹 3세는 프랑스를 세계 문명의 수도로 인식시키고자 하는 야망을 품고 있었으며, 당시 최고의 예술, 건축가들을 소집하여 행사를 준비시켰다.

박람회장은 수정궁보다 더 많은 철과 유리가 사용되어 지어졌으며, 전시 종류도 많아졌고 중요 이벤트들이 펼쳐졌다.

1855년 파리 만국박람회의 주제는 거대한 '증기기관'이었다. 수백 마리의 말을 하나로 합친 정도의 엄청난 힘을 내는 증기기관은 누가 보더라도 새시대를 주름잡을 기술이었다. 박람회장에서는 당시 사람들의 눈을 솔깃하게 할 재미있는 발명품이 소개되었는데, 시간당 2천 잔의 커피를 만들어 내는 커피머신부터 세탁기, 바퀴만 돌리면 바느질이 저절로 되는 싱어 재봉틀이 단연 화재를 모았다. 관람객들은 누르기만 하면 얼굴이 찍혀 나오는 사진기라는 물건에 감탄사를 연발하기도 했다.

1867년부터는 박람회의 산업관과 기계관이 예술관이나 생활관 같은 겉보기에 화려한 전시장을 제치고 만국박람회의 중심으로 부각됐다. 1867년 파리 박람회에서 가장 눈길을 끈 것은 증기기관을 대신해 기계를 돌리고 불을 밝혀줄 '가스'

였다. 전시장 주변에 장장 13킬로미터에 달하는 가스관이 설치되어 5천 개가 넘는 가스램프가 24시간 내내 전시장을 밝혔다.

1851년 런던 만국박람회에서 유리와 강철만으로 기념비적인 '수정궁'을 지은 이래 유리와 강철은 만국박람회의 상징이 되었다. 1867년 파리 만국박람회에서는 35,000톤이 넘는 강철이 동원된 원형경기장 모양의 산업관이 등장했다. 내부 복도의 길이만 74킬로미터에 이른 산업관은 가스와 수도시설이 완비된 당대 최고의 가설 건물이었다. 한 번에 10명씩 탈 수 있는 엘리베이터가 등장했고, 전시장 곳곳에 설치된 314개의 수도꼭지를 통해 언제든지 공짜 식수를 이용할 수 있었다.

1878년 박람회에서는 작은 유리구슬에서 눈이 부실 정도의 밝은 빛을 내는 '전구'라는 놀라운 물건이 화젯거리였다. 만국박람회의 산업전시관을 일부러 찾아가 감탄사를 연발하는 19세기 사람들의 열정은 사뭇 남달랐다. 테크놀로지라는 말만 들어도 머리가 아파오는 현대인이 생각하듯 과학은 멀고 어려운 복잡한 전문분야가 아니라 당장 내일의 생활을 윤택하게 바꿔줄 수 있는 희망으로 여겼다. 아버지 시대에는 듣도 보도 못한 것들이 아들의 시대에는 당연하고도 평범한 것들로 변하는 속도와 변화의 시대를 살았던 19세기 사람들에게 만국박람회는 더 나은 내일을 살게 해주는 아이콘처럼 비춰졌다.

19세기 사람들이 체험했던 발전과 변화를 가장 극적으로 보여 준 것은 파리의 에펠탑이다. 1889년 파리 만국박람회를 기념해 파리 시내 한가운데 우뚝 세운 초대형 철탑은 미래의 진보에 대한 낙관론과 함께 '철의 시대'가 도래했음을 알려주었다. 런던과 치열한 제국경쟁을 벌이던 파리는 런던 만국박람회에서 보여 준 수정궁에 자극을 받아, 수정궁을 높이로 능가하는 에펠탑을 1889년 만국박람회에서 공개한다. 구스타프 에펠은 교량에 적용했던 아치형 장 스팬을 에펠탑에 적용하여 최대한 높은 탑을 계획하려 했다. 부재를 소형화하여 고층높이(310m)에도 불과하고 풍압을 견딜 수 있고 총 중량을 획기적으로 줄였다.

가장 큰 이목을 집중시켰던 박람회는 단연 1900년 파리에서 열린 만국박람회였다. 약 6개월간의 박람회 기간 동안 무려 5,500만 명이 넘는 관중이 입장했고, 이 기간 동안 전 세계에서 1억 명이 넘는 여행객이 박람회가 열리는 파리로 몰려들었다.

20세기를 맞이하는 1900년의 만국박람회는 새로운 세기를 지탱해줄 새로운 에너지, '전기'를 주제로 정했다. 입구부터 여느 만국박람회와 차원이 달랐다. 6층 높이의 거대한 아치가 웅장한 돔처럼 맞물린 기묘한 모양의 입구는, 당시의 네모반듯한 개선문 모양의 전형적인 출입구 상징물과는 완전히 다른 모양을 갖추고 있었다. 당시 건축물에 흔히 쓰이던 대리석 대신 아치 위에 파랗고 노란 유리 장식판을 촘촘히 붙였고, 해가 지자마자 불을 밝혀줄 3,200개의 백열등까지 달았다. 네온사인이 없던 시대에 이런 휘황찬란한 빛의 장식은 큰 화제가 될 만큼 사람들의 눈을 사로잡았다.

가장 관심을 모았던 산업관 부지에는 길이가 410미터나 되는 '전기 궁전'을 세웠다. 높이만 60미터에 달하는 입구에는 전기로 불을 밝힌 별과 용과 페가수스를 탄 전기의 요정이 등장해 관람객을 맞았다. 건축가 외젠 에나르는 전기로 빛을 창조하고 빛을 조합해 놀라운 환상을 만들어냈다. 그는 궁전 외부에 열한 개의 대형 프로젝터를 설치했고, 여기서 쏜 빛은 전기 궁전의 전면에 붙은 초록, 빨간, 파란색의 유리판을 통과해 바닥부터 하늘까지 색색의 거대한 빛의 프리즘을 만들어냈다. 빛이 움직이고 서로 섞이면서 다양한 색채의 장막을 관객들에게 선사했다. 궁전의 바닥에는 1900년이라는 숫자를 빨간 조명으로 새겨서 새시대의 도래를 알렸다. 여기에 궁전 구석구석을 5,700개의 전구로 장식하여 세상 그 어느 곳에서도 볼 수 없는 신비로운 빛의 판타지를 만들어냈다.

1900년 파리 만국박람회 기계관의 주인공은 자동차였다. 푸조, 르노, 시트로엥 등에서 출품한 200여 대가 넘는 차량이 늘어선 풍경은 그 자체로도 장관이었다. 당시에도 자동차회사에서 나눠주는 브로슈어를 들고 진지하게 자동차를 탐색하는 사람들로 인해 전시장은 발 디딜 틈이 없었다. 산업관 및 기계관은 당시 산업계를 주름잡은 쟁쟁한 회사들에게는 기술의 경연장이자 다시없는 홍보 무대이기도 했다. 박람회 측에서는 회사들의 참여를 독려하고자 수천 개에 달하는 각종 상을 만들어 분야별 최고의 상품을 선정했는데, 이러한 광고 효과는 엄청났다.

1900년 파리 만국박람회에서 선보인 건축물 중 화제작은 단연코 '그랑 팔레'와 '프티 팔레'였다. 지금도 센강 옆에서 파리의 풍경을 장식하고 있는 두 건축물은 마치 거대한 식물원처럼 강철과 유리를 촘촘하게 엮은 돔 지붕을 올렸다. 에펠탑에 사용된 강철보다 많은 9,000톤의 강철을 45미터 높이로 내부 구조에 사용하여 당시 최고의 화제를 불러 모았다. 기술적인 측면뿐 아니라 전시관이라는 목적에 맞게 조형적으로도 아름다운 형태를 갖추고 있었다. 돔 유리 지붕에서 쏟아져 내리는 자연광과 바닥을 가득 메운 모자이크 장식은 모네, 드가, 시슬리 등의 인상파 화가 작품과 어우러져 빛과 색채로 가득 찬 장관을 연출했다.

이 두 건축물은 전시 이후에도 함께 만들어진 알렉상드로 3세 다리와 어울리며 현재까지 낭만적인 파리 풍경의 일부가 되고 있다.

만국박람회에서는 이름만큼이나 세계 여러 나라의 문화를 한자리에서 보고 체험할 수 있었다. 1900년 파리 만국박람회에 참여한 41개국의 나라들은 센강변을 따라 늘어선 '국가관의 길'에 각기 고유의 전시관을 짓고 특유의 문화와 전통을 알렸다. 당시 다양한 나라의 문화를 한 장소에 모아놓고 즐길 수 있게 만들어놓은 일종의 19세기 테마파크였던 셈이다.

만국박람회에 들어섰던 각국 전시관은 목재나 강철로 골조를 세운 가설물로, 전시가 끝난 뒤에는 철거하기 쉽도록 만들어졌다.

박람회장은 쥘 베른의 '80일간의 세계 일주'(1873년)에서 펼쳐놓은 세계 일주를 한자리에서 즐길 수 있는 곳이었다. 관람객들은 들어보지도 못한 부하라(지금의 우즈베키스탄)라는 왕국의 칸이 보내온 예술품을 관람했고, 중앙아시아의 사마르칸트 사막의 광경을 생생하게 전달해 주는 그림에 감탄했으며, 가봉의 흑인들이 추는 민속춤에 넋을 잃었다. 세계 각국의 신기한 문화를 한곳에서 모두 감상할 수 있었다. 중국에서 길만 건너면 바로 알제리로 갈 수 있었고, 이집트 맞은편에는 갑작스럽게 일본이 펼쳐지는 작은 세계였다.

국가관: 19세기 테마파크

프랑스의 과거사를 민속촌처럼 재현해놓은 '오래된 파리'는 19세기판 테마파크의 절정이었다. 르네상스 시대부터 중세 시대를 거쳐 왕정 시대와 대혁명 이후 1900년까지 파리의 모습을 한 공간에 축소해 만든 공원이었다. 오래된 파리의 출발지인 양 알마 다리 옆 35번 문을 통과하면 중세 음악이 울려 퍼지는 생미셸 문이 관람객을 먼저 맞았다. 중세 시대의 집과 루브르 성을 지나면 16세기 옷을 입은 상인들이 물건을 파는 레알 시장과 왕정 시대의 궁정이 펼쳐졌다. 거리에서는 중세와 고전 시대의 복식을 갖춘 공주와 기사, 상인들이 먹거리를 팔았고, 전시장 내 극장에서는 매일 고전 오페라와 고전 연극이 상연되었다.

특히 연극과 춤처럼 분위기를 돋우는 공연은 박람회장의 꽃이었다. 반은 카지노로, 반은 역사극과 발레 등을 보여 주는 '축제의 궁전'에서 유럽 최고의 공연예술인을 한자리에 모은 호화 프로그램을 선사했다. 입장권이 5프랑에 이를 정도로 비쌌지만 시간당 15,000명이 넘는 관객이 다녀갈 정도로 인기가 높았다. 공연을 보다가 지치면 길이가 700미터가 넘는 아쿠아리움을 찾아가 세계 각국에서 가져온 희귀한 물고기들과 해양 생물을 비롯해 잠수부들의 댄스 공연까지도 볼 수 있었다.

당시 유럽인들에게 신비한 아시아의 세 나라, 중국과 일본 그리고 우리나라 역시 만국박람회에 참가했다. 외세의 압력에도 불구하고 조선을 독립국가로 인정받고자 한 고종 황제의 의지는 결국 만국박람회 참가로 꽃을 피웠다.

33미터 높이로 자금성의 입구를 재현한 중국관이나 아시아에서 가장 큰 규모의 전시관을 세운 일본에 비해 약소한 규모로 세워졌던 '한국관'은 전시관에 대한 묘사도 극히 찾아보기 어렵다.

중국관과 일본관이 에펠탑을 마주 보고 있는 트로카데로 궁 앞에 여타의 국가들과 함께 자리 잡은 데 반해, 우리나라 전시관은 에펠탑과 쉬프랑 대로가 마주하는 구석에 마련되어 있었다. 한국관의 지명 건축가였던 프랑스 건축가 유진 페레는 100평 남짓한 전시관 부지에 기와와 단청으로 장식한 우리나라 전통 건물을 올렸다. 경복궁을 견본 삼아 치장한 내부에는 우리나라의 미술품들과 함께 태극기가 걸려 있었다. 정확한 전시물품 내역과 누가 전시를 주관했는지 등 한국관에 대한 진지한 연구는 오늘날 찾아보기 힘들다.

만국박람회는 최근 2015년 밀라노 만국박람회까지 명맥을 이어오고 있지만, 1900년 파리 만국박람회 이후 그 화려함은 급속도로 빛이 바래기 시작했다. 기술과 문명의 지나친 발달을 걱정하는 현대인들에게 지난날과 같은 과학과 신기술에 대한 열광을 기대하기는 힘들다. 과학과 신기술의 발전으로 세계를 발아래 두고 있다는 자부심과 열정의 시대를 살았던 19세기 사람들에게 만국박람회는 새로운 시대에 대한 열망과 환상, 자부심의 표상이었다.

XII. 19세기 인상파

■ 도시의 정서를 표현한 인상파 그림들

프랑스혁명과 산업혁명을 거치면서 교회와 왕, 귀족 등으로부터 벗어나게 된 화가들은 변화된 시대를 새로운 화풍으로 담아내려 했다. 사실주의를 계승하면서 회화의 본질에 충실하고자 했던 한 유파가 특히 두각을 드러냈다. 세상을 깜짝 놀라게 한 그들의 독창적인 화법은 당시 프랑스 화단의 주류였던 보수적인 아카데미의 살롱파들에게 비아냥 섞인 명칭인 인상파라 불렸다. 대중들은 완전히 다른 그림 세계에 처음엔 거부하고 부정했으나 서서히 그 가치를 알게 되었다.

인상파 미술은 사물의 객관적 묘사를 중시하는 사실주의 전통을 계승했다. 인상파가 빛에 관심을 갖고 빛의 효과에 의지해 대상을 표현하려 한 것은 사실주의 전통에 무관하지 않다. 눈에 보이는 것만 그리겠다는 사실주의보다 시각에 대한 의존도가 훨씬 높았다. 인상파는 눈이 느끼는 감각을 그림으로 잡으려 했다.

19세기의 과학, 특히 광학의 발달은 사람들로 하여금 사물을 인식하는 데 빛이 주는 역할에 크게 주목하게 됐다. 빛을 통해 사물을 본다는 인식은 곧 '사물을 그리는 것'에서 '빛을 그리는 것'으로 관심을 이동시켰다. 따라서 빛을 색으로 만들어 내는 일에는 시공간에 대한 감각과 그것을 풀어내는 논리가 필요했다. 눈이 파악한 기계적 사실은 흔적을 남기지 않고 캔버스에서 형태와 색으로 변환되었다.

인상파들은 과거의 화법과 결별하고, 새로운 길을 찾아 나섰다.

그 길의 방향은 조금씩 차이가 있었으나, 길동무로서 그들은 함께 했다. 무엇을 보았는지, 그것을 어떻게 표현할지를 두고 그들의 캔버스는 달라졌다. 시대적 변화를 겪으면서 그림의 소재도 현실에서 찾게 되었다. 과거 고전주의 회화에서의 신화나 종교, 역사적 사실 등은 더 이상 매력적인 소재가 되지 못하였다. 개인의 상상이나 정치적, 사회적 주제를 표현하는 사례도 드물었다. 과거 소규모 공동체에서 볼 수 있었던 끈끈한 인간관계는 더 이상 찾아보기 어렵다. 대신에 도시의 일상적인 풍경, 사교모임, 소소한 생활 정경, 관광지 여가 등 근대 중산층 시민의 밝고 낙관적인 생활상과 현대 도시가 빚어내는 삶의 불연속성을 감각적으로 포착하여 화폭에 올랐다. 이러한 소재의 변화는 당시의 급격한 도시화와 맞물려 새것과 유행, 속도에 대한 감각을 급속히 발전시켰다. 인상파에게 근대는 철, 철도, 연기의 시대였다. 흙이 아닌 철로 이루어진 시대, 마차의 시대를 극복하고 수증기를 내뿜는 증기기관을 탑재한 기차의 시대, 무엇이든 빠른 속도로 변화하는 시대였다.

인상파를 대표하는 화가 클로드 모네(1840~1926)의 '생 라자르 역' 작품에 그런 풍경이 압축적으로 표현되어 있다. 근대를 대표하는 19세기의 새로운 상징인 기차역을 모네는 새로운 화법으로 표현했다. 기차가 상징하는 것은 근대의 도착이었다. 기차가 출현함으로써 관광산업이 본격화되고 탁 트인 창문으로 펼쳐지는 교외의 풍경은 살아 생동하는 풍경화이기도 했다. 기차는 근대적 일상에서 얻을 수 있는 쾌락을 상징하는 마법의 도구였다.

모네는 막 출발하려는 기차의 모습을 그대로 화폭에 담아내려고 했다. 엔진에서 뿜어져 나오는 연기와 수증기를 그려서, 사물이 꿈결처럼 보이도록 보여 주려는 의도였다. 시인 보들레르가 구름을 일컬어 '술과 마약 같다'고 했던 분위기를 생 라자르 역을 통해 연출하고자 했던 것이다. 하늘의 구름이라는 자연의 사물에서 기차의 수증기라는 인공의 사물로 자리 이동을 하는 과정이 여기에 생생히 드러난다. 모네는 '꿈'을 그리고자 했다. 안개에 가려진 사물, 베일 속에 가려진 사물처럼, 이 꿈이야말로 근대성의 본질이었던 것이다.

클로드 모네, 생 라자르 역, 1877년

모네와 함께 인상주의 선구자로 불린 마네도 생 라자르 기차역을 배경으로 한 '철도'(1873)를 그렸다. 인상파 화가들에게 많은 영향을 주었던 에두와르 마네(1832-1883)는 그 시대의 새로운 감수성에 눈뜨기 시작했던 작가들이 공통적으로 담아내려 했던 당대의 현실에 강한 애착을 가진 화가였다. "파리의 각 구역은 밀집한 공장지대의 모습이건 자연스런 주거 지역의 모습이건 또는 역사의 모습이건 간에 저 나름의 모습을 가지고 있다. 이것들이야 말로 수천 가지 흥미진진한 교훈적인 소재들이 아닐까?" 이러한 마네의 언급은 당시 현대성의 이름으로 도입되던 당대의 현실, 시사성 있는 소재에 정당성을 부여해 준다.

마네는 1872년 생라자르 역과 가까운 거리에 새 화실을 마련했다. 이런 활기찬 도시에 정착한 그는 도시적인 주제에 시선을 던지게 되었다. '철도'는 바로 이와 같은 당대 삶의 장면을 묘사한 작품이다. 모네나 쇠라 같은 인상파 화가들도 공장이나 철도역을 그렸는데, 이는 빠른 속도감과 순간적인 인상에 집착한 그들의 가치관을 반영한다. 이 작품은 모네가 그린 '생 라자르 역'의 이미지보다 3~4년 앞서 그려졌다.

에두와르 마네, 철도에서-생 라자르 역, 1873년

산업사회의 장면을 끌어들인 이 작품의 광경은 제목과는 달리 기차는 보이지 않는다. 다만 연기에 휩싸인 공간만이 배경으로 비칠 뿐이다. 뒤돌아선 아이가 관찰하고 있는 시끄러우면서도 연기에 가득 찬 산업사회의 단면은 마치 현대성에 찬사를 보내기라도 하듯이 조용하게 공감대를 형성하면서 묘사되어 있다. 이 장면을 제외하면 이 작품은 전통적으로 그려지던 초상화에 가깝다. 그림에 등장하는 여인은 마네의 작품에 몇 번 등장한 적이 있는 '빅토린느 뫼랑'이다. 그녀는 '올랭피아'의 검은 빌로드 목걸이를 하고 있으나 그해 가을까지 유행했던 푸른 쿠틴 천으로 지은 옷을 걸치고 있다. 자신이 읽고 있던 책에서 눈을 뗀 이 젊은 여인은 우리에게 무관심한 시선을 던지고 있고, 아이는 우리에게 등을 돌리고 있다. 여기서 그는 기성의 현실에 무관심한 파리풍의 젊은 여인과 다가올 산업사회의 경이로운 삶에 경탄을 드러내는 어린 아이를 대비시킴으로써 20세기 변혁의 시대를 예감하고 있다.

모던(19세기) 도시의 풍경화

재정비된 19세기 근대 도시 파리에서의 여유롭고 한가한 순간을 사실적으로 표현하여 화폭에 담았던 귀스타브 카유보트(1848-1894)는 인상주의 화가로 알려져 있지만, 모네와 같은 인상주의자보다는 더욱 견고한 형태와 리얼리스틱한 분위기를 살리는 방식으로 작업했으며, 사진을 회화를 위한 보조 수단이 아닌 예술적인 매체로 파악했다. 카메라의 줌인 기법을 적절하게 활용한 구도를 그의 그림에서 확인하는 것은 어렵지 않다. 그의 독창적인 회화 구성은 당시의 도시 풍경을 대각선 구도와 과장된 원근법 구도를 사용하여 사실적 풍경화를 구축한다.

카유보트: 유럽의 다리(1876)(좌)/오스망대로_발코니(1880)(우)

'유럽의 다리(1876)'는 에두아르 마네(1832~83)의 '철도'의 배경이 된 근처 다리에서 다리 위를 오가는 사람들과 철도역을 내려다보는 사람을 그만의 화법으로 묘사하며, 당시 도시의 인상을 표현한 작품이다. 마네가 세로로 곧게 뻗어 내리는 검은 철장을 그렸다면, 카유보트는 그림의 절반 이상을 다리의 철골 구조로 채우고 있다. 시선은 자연스럽게 그 구조물을 따라서 소실점까지 향한다. 하늘은 푸르고 그림자가 짙게 바닥에 드리워져 검은 철골의 위압감이 강하게 표현되었다. 철골 난간에 기댄 남자가 기찻길 방향을 보고 있고, 옷을 잘 차려입은 부르주아 신사와 베일을 내리고 양산을 쓴 숙녀가 걸어온다. 카유보트는 사진적인 시점과 구도를 회화에 자주 적용했는데, 르누아르, 모네가 보여 준 파티나 피크닉 장면과는 거리가 먼 근대인들의 차가운 유대관계가 나타나는 풍경을 작품의 소재로 삼았다.

카유보트는 19세기 파리 개발의 건축 아이콘이었던 아파트의 발코니를 화폭에 즐겨 담았다. 발코니는 완전 외부도 내부도 아닌 중간 역할을 하는 공간으로, 외부자의 시선으로 본다면 은밀한 건물 내부를 조금이나마 훔쳐볼 수 있는 곳이기도 하고, 내부 거주자의 시선으로 본다면 외부를 내려다 볼 수 있는 반외부적 성격의 공간이기도 하다.

1880년에 그린 '발코니'라는 작품에서도 '유럽의 다리'에서처럼 아래에 있는 무엇인가를 구경하는 남자의 모습을 확인할 수 있다. 그의 그림에서 구경하는 대상이 무엇인지 명확하지는 않지만, 환한 햇살을 머금은 거리 풍경, 거리를 활보하는 군중들을 구경하는 부르주아의 시선을 담고 있음을 확인할 수 있다. 비슷한 시기에 그린 '오스망 대로'에서도 이런 화풍을 확인할 수 있다.

이 그림에서도 카유보트는 근대 도시의 풍경을 특이한 시선으로 그려내고 있는데, 철학자 '발터 벤야민'이 개념을 통해 19세기 파리의 풍경을 복원해내는 것처럼, 카유보트는 특유의 시선으로 실내에서 관찰할 수 있는 외부의 풍경을 생생하게 잡아내고 있다.

익숙한 것에서 낯선 것이 출몰하는 그만의 미학이 작품에 깔려있다.

카유보트는 근대 도시의 변화를 관조하고 구경하는 남성들을 작품에서 주체적인 모습으로 부각시킴으로써 익명의 남성들을 거리를 활보하고 구경하는 19세기 구경꾼으로 등장시켰다. 이들 남성은 도시 풍경의 파노라마를 구경하고, 도시를 소요하는 '플라뇌르'들이다. 카유보트의 그림은 낡은 중세 도시 이미지를 탈피해서 우아하고 화려한 근대 도시로 탈바꿈한 파리의 변화된 실상을 흥미롭게 화폭으로 담아낸 기록물이라고 볼 수도 있다. 카유보트는 카메라 대신 그림을 통해 일상의 풍경을 낯설게 만들어서 되돌아보게 하였다. 그의 그림은 당시 사회적 변화에 대한 인상파적인 대응이었던 셈이다.

당대의 풍습과 사회상을 그린 드가

귀족 출신으로 에콜 데 보자르의 전통적 미술교육을 받은 드가는 비슷한 부류인 마네와 꽤 잘 통하는 사이였다. 그는 전통을 중시하면서도 현대성이 가미된 화면을 구사했다. 드가는 새로운 도시 문화에서 파생된 볼거리, 즐길거리에서 소재를 택했다. 자신이 클럽과 거리를 활보하며 여유와 궤변을 즐기는 도회적인 플라뇌르라고 생각했다. 도시를 산책하면서 드가는 지속적으로 변화하는 도시 생활의 새로운 모습들을 목격했고 새로운 작품 소재를 얻었다.

드가는 탁월한 데생 능력을 발휘하여 발레리나와 말처럼 순간적인 대상의 움직임을 잘 포착했다. 이를테면 경마장 풍광이나 카페나 오페라 극장의 무용수와 가수 등이 그의 관심을 끌었다.

여기에 카유보트와 마찬가지로 사진 카메라의 화각처럼 캔버스를 구성했다. 드가의 이러한 화풍은 막 시작되던 19세기 근대 사회의 여러 이면(풍광)을 여과없이 포착하여 독특하게 그림으로 남긴 화가로 이름을 남겼다.

드가: 꽃다발을 든 무용수(1878)(좌)/발레수업(우)

드가의 주된 관심사는 현대적인 소재만큼이나 획기적인 공간 구성과 배치였다. '카페에서'(1875) 그린 여배우 엘렌 앙드레와 판화가 마르셀랭 데부탱을 술 취한 커플로 연출해 등장시켰다. 카페에 앉은 도시 남녀의 표정이 왠지 공허하다. 약간의 긴장감마저 맴도는 이들의 미묘한 분위기는 화면 속 지그재그로 이어진 테이블 배치로 더욱 고조된다.

콩코르드 광장에서는 도시의 감수성을 도시인의 분주한 시선으로 예민하게 감지해 표현했다. 드가 자신도 거리를 활보하는 플라뇌르라는 것을 중요하게 생각하였다. 콩코르드 광장으로 산책 나온 르파크 자작 가족을 소재로 한 '뤼도비트 르피크 자작과 그의 딸들'처럼 대로를 산책하다가 우연히 그림의 주제를 찾아냈다.

그림은 아버지와 딸의 시선을 서로 엇갈리게 표현하고 있다. 광장 이곳저곳을 어슬렁거리는 르피크 자작은 심드렁한 표정을 짓고 있으며, 지나가는 다른 남자도 확실히 그렇게 생각하는 것 같다. 드가는 여러 의미에서 이 플라뇌르가 가로

지르고 있는 공허함을 돋보이게 하려는 듯 텅 빈 광장을 강조했다.

이 그림은 근대 도시인들의 서성거리는 시선을 또렷이 드러낸다. 도시는 바쁘고 분주하다. 그 환경에서 돌아다니는 사람은 결국 이런 바쁜 시선, 곧 찰나의 시선을 던질 수밖에 없다. 서로 주고받는 분주한 시선을 통해 그들의 안주하지 못하는 욕망, 순간과 찰나를 영원보다 더 중시하는 새로운 가치관을 엿볼 수 있다.

드가: 카페에서(1875)(좌)/뤼도비트르피크 자작과 그의 딸들(우)

19세기 여가의 발견

피에르 오귀스트 르누아르(1841~1919)는 개인의 사적 삶의 풍요를 위한 여가시간이 일상화되기 시작했던 19세기, 시민들의 식사모임, 산책, 보트타기, 축제, 휴가 등을 그림의 소재로 삼아 파리 도시인의 삶을 보여 주는 풍속화를 즐겨 그렸다.

고전적인 화풍에 대한 거부감이 크지 않았고, 초기에 신화적 모티프를 소재로 그림을 그렸던 르누아르는 살롱전에 낙선하면서 새로운 화풍에 관심을 기울였다. 1880년 4월부터 7월까지 파리 근교 샤투에서 작업하며, 태양이 내리쬐는 여름 오후에 와인을 곁들인 선상 파티를 즐기는 청춘남녀를 화폭에 담은 '뱃놀이 점심'을 그렸다. 이 작품을 그리던 무렵 그는 경제적으로 궁핍했으나, 특유의 낙천성으로 그림 어디에도 자신이 겪던 생활의 곤궁함이 보이지 않는다.

르누아르: 뱃놀이 점심(1880–81)(좌)/무도회에서(1876)(우)

그림을 자세히 보면 강에는 흰색 요트가 떠다니고, 붉은 줄무늬 차양막이 그림에 생기를 불어넣는다. 와인에 가볍게 취한 청춘남녀의 얼굴은 발그스레하며, 하얀 테이블보와 투명한 유리잔에 빛이 반사되어 찰랑거린다. 전체적인 느낌은 풍족하고 여유로우며 생기로 가득하다. 르누아르는 인물들의 구체적인 생김새를 잡으면서도 얼굴과 몸에 산란하는 빛의 움직임을 밝은 색채로 더하고 있다. 여기에 풍경을 구성하는 나무 등은 인상파 특유의 붓질로 마무리해서 그림은 현실감으로 생생하다.

"그림이란 즐겁고 유쾌하며 예쁜 것이어야 한다. 가뜩이나 불쾌한 것이 많은 세상에 굳이 그림마저 아름답지 않은 것을 일부러 만들어낼 필요가 있을까?"라는 그의 고백처럼, 르누아르의 그림에 등장하는 연인들은 삶의 어두움보다 환희를 노래하는 대상이었다. 그들은 하나같이 동그란 얼굴에 부드러운 이미지를 갖고 있다. 그림 전면 왼편에 붉은 꽃으로 장식한 모자를 쓰고 몸집이 작은 테리어 강아지와 즐겁게 놀고 있는 여자는 알린 샤리고라는 여인으로 훗날 르누아르와 결혼한다.

Tip

미술사에서 가장 인기 있는 사조를 꼽으라면 단연 '인상주의'를 들 수 있다. 인상주의는 1860년경 프랑스에서 시작된 새로운 미술의 경향으로, 빛과 색에 대한 화가의 순간적이고 주관적인 느낌, 즉 인상(impression)을 표현하고자 한 회화 중심의 미술 운동이며, 그 의의는 현대미술의 시작을 알렸다는 점이다.

인상주의의 그림들은 무엇을 어떻게 그려내고 있으며, 어떠한 요소들이 여전히 사람들의 마음을 사로잡고 있는가?

19세기 파리는 전면적인 도시 재개발사업으로, 중세의 어둡고 구불구불한 도시 구조를 탈피하여, 탁 트인 시야를 확보한 대로를 마주한 현대적인 아파트가 도시 풍경을 급격히 바꾸어놓은 시기였다. 여기에 오페라극장, 기차역, 은행, 백화점 같은 새로운 유형의 공공건물이 들어섰고, 도시민들의 휴식을 위한 공원, 분수대, 카페 등이 새로운 도시 문화를 만들어냈다. 변화된 도시는 그야말로 화려한 볼거리 그 자체였다. 멋지게 차려 입은 파리 시민들은 공원에 나와 휴식을 취하거나 샹젤리제 대로변을 유유자적하게 거닐며 변화된 도시의 풍경을 구경하곤 했다. 미술비평가 샤를 보들레르는 이러한 도심의 구경꾼을 '플라뇌르'라고 불렀는데, 인상파 화가들은 진부한 아카데미 화풍을 거부하고 동시대 삶의 모습을 담아내는 것이 화가의 임무라 여겨 당대의 풍습과 사회상을 그려냈다.

저/자/소/개

• **이동기**

2005. 03~현재(서정대학교 부교수 - 건축과 생활 강의)
2000~2004(중앙디자인 설계실 과장)
1998~1999(해안건축 설계실 주임)
1994(University of East London, 환경미술건축학 석사)

건축으로 읽는 인문과 생활

초판 1쇄 인쇄 / 2020년 2월 20일
초판 1쇄 발행 / 2020년 2월 25일

저 자 / 이 동 기
발행인 / 이 중 수
발행처 / **동 문 사**

서울특별시 서대문구 홍제원 1길 12
(홍제동 137-8)
Tel : 02)736-3718(대), 736-3710, 3720
Fax : 02)736-3719
등록번호 : 1974.04.27. 제9-17호
가격 : 21,000원

ISBN : 978-11-6328-148-1(93900)
E-mail : dong736@naver.com
www.dongmunsa.com